Schuster | # Rechnungswesen und Steuerung

Prüfungsvorbereitendes Begleit- und Arbeitsheft

Lernfelder:

3 Unternehmensleistungen erfassen und dokumentieren
8 Kosten und Erlöse ermitteln und beeinflussen
9 Dokumentierte Unternehmensleistungen auswerten

Merkur
Verlag Rinteln

Wirtschaftswissenschaftliche Bücherei für Schule und Praxis
Begründet von Handelsschul-Direktor Dipl.-Hdl. Friedrich Hutkap †

Verfasser:
Dietmar Schuster, Dipl.-Handelslehrer, Gießen

Fast alle in diesem Buch erwähnten Hard- und Softwarebezeichnungen sind eingetragene Warenzeichen.

*   *   *   *

1. Auflage 2013
© 2013 BY MERKUR VERLAG RINTELN
Gesamtherstellung:
MERKUR VERLAG RINTELN Hutkap GmbH & Co. KG, 31735 Rinteln
E-Mail: info@merkur-verlag.de
             lehrer-service@merkur-verlag.de
Internet: www.merkur-verlag.de
Umschlagfoto: Markus Goetzke, Commerzbank AG
ISBN 978-3-8120-**1194-5**

Vorwort

Liebe Auszubildende,
liebe Kolleginnen und Kollegen an berufsbildenden Schulen,
liebe Ausbilderinnen und Ausbilder,

Übung macht den Meister – so das uns allen bekannte Sprichwort.

Das mag auch der Grund für den mehrfach an den Autor herangetragenen Wunsch nach zusätzlichen programmierten Übungsaufgaben für das Prüfungsfach Rechnungswesen und Steuerung gewesen sein.

Mit diesem Begleit- und Übungsheft kommt der Autor diesem Verlangen nach.

Dieses Begleit- und Übungsheft kann sowohl parallel zum Lehrbuch **Rechnungswesen und Controlling der Kreditinstitute (ISBN 978-3-8120-0194-6)** im schulischen und betrieblichen Unterricht eingesetzt wie auch als selbstständiges Übungsbuch zur Vorbereitung auf die Zwischen- und Abschlussprüfungen der AkA (Aufgabenstelle für kaufmännische Abschluss- und Zwischenprüfungen) verwendet werden.

Inhaltlich deckt dieses Begleit- und Übungsbuch die Prüfungsanforderungen des Bereichs Rechnungswesen und Steuerung für die Zwischen- und Abschlussprüfungen Bankkaufmann/ Bankkauffrau ab.

Die Auszubildenden werden mit den in diesen Prüfungen eingesetzten Aufgabentypen vertraut gemacht. Zusätzlich wird aber, falls erforderlich, die Angabe von Beträgen verlangt. Bei Auswahlantworten können mehrere Antworten (Distraktoren) richtig sein. Auf die Angabe der Anzahl der jeweils zutreffenden Lösung(-en) wird aus pädagogischen Gründen verzichtet.

Ein Kontenplan in Anlehnung an den Kontenplan der AkA ist beigefügt; ebenso die wichtigsten Formeln für den Bereich Steuerung.

Entsprechend der Prüfungspraxis sind die Teilaufgaben jeweils durchnummeriert.

Die Aufgaben und deren Lösungen wurden mit großer Sorgfalt erstellt. Falls es dennoch zu Abweichungen von den Lösungen der Nutzer kommen sollte, können sich diese per E-Mail: **info@merkur-verlag.de** an den Verfasser wenden, um die Differenzen zu klären.

Der Verfasser wünscht allen Nutzern große Freude beim Bearbeiten der Aufgaben und viel Erfolg bei den Prüfungen.

Gießen, Sommer 2013

Dietmar Schuster

Inhaltsverzeichnis

1 Grundlagen der Buchführung

s. Lehrbuch, Kap. 1 bis 3

Aufgabe 1

Das betriebliche Rechnungswesen besteht aus vier Teilbereichen.

Welcher Teilbereich befasst sich mit der zukünftigen Entwicklung eines Unternehmens?

① Buchführung und Bilanz

② Statistik

③ Kosten- und Erlösrechnung

④ Planungsrechnung

Lösung: _____

Aufgabe 2

Nach § 238 HGB ist jeder Kaufmann verpflichtet, Bücher zu führen und in diesen seine Handelsgeschäfte und die Lage seines Vermögens nach den Grundsätzen ordnungsmäßiger Buchführung ersichtlich zu machen.

Wann erfüllt ein Kaufmann seine Buchführungspflicht umfassend?

① Wenn er mindestens einmal im Jahr sein gesamtes Vermögen erfasst.

② Wenn er sich regelmäßig einen Überblick über seine Verbindlichkeiten verschafft.

③ Wenn sich ein sachverständiger Dritter innerhalb eines angemessenen Zeitraumes einen Überblick über die Geschäftsvorfälle und über die Lage des Unternehmens verschaffen kann.

④ Wenn sich jedermann innerhalb eines angemessenen Zeitraumes einen Überblick über das Unternehmen verschaffen kann.

⑤ Wenn er die Bedingungen des § 241 a HGB erfüllt und deshalb auf die Sammlung von Einnahmen- und Ausgabenbelegen verzichtet.

Lösung: _____

Aufgabe 3

Am 15.03.2012 wurde der Jahresabschluss der Kreditbank AG für das Jahr 2011 festgestellt.

Wie lange muss dieser Jahresabschluss (in Urform oder auf einem Datenträger) aufbewahrt werden?

Tragen Sie Tag, Monat und Jahr in die Lösungskästchen ein!

Lösung:

Tag	Monat	Jahr
☐☐	☐☐	☐☐☐☐

Aufgabe 4

Die Kreditbank AG nimmt am Bilanzstichtag die Inventur der Kassenbestände vor.

Welches Inventurverfahren ist dabei anzuwenden?

① Aufnahme durch Stichproben

② Buchmäßige Bestandsaufnahmen

③ Körperliche Bestandsaufnahmen

④ Aufnahmen anhand von Urkunden

⑤ Es können je nach Bedarf alle Verfahren gleichzeitig eingesetzt werden.

Lösung: _____

Aufgabe 5

Die Kreditbank AG kann zwischen unterschiedlichen Inventurformen wählen.

Welche Inventurform ist richtig beschrieben?

① Bei der Stichtagsinventur genügt es, die Vermögensbestände einmalig am Beginn des Handelsgewerbes zu erfassen.

② Bei der permanenten Inventur ist keine körperliche Bestandsaufnahme erforderlich.

③ Bei der permanenten Inventur werden die Bestände nur den Dateien entnommen und gelegentlich bewertet.

④ Bei der zeitlich verlegten Inventur ist es möglich, die Bestandsaufnahme auf die Zeit nach der Bilanzfeststellung zu verschieben.

⑤ Bei der zeitlich verlegten Inventur ist es möglich, die Bestandsaufnahme ganz oder teilweise innerhalb der letzten drei Monate vor oder innerhalb der ersten beiden Monate nach dem Bilanzstichtag durchzuführen.

Lösung: _____

Aufgabe 6

Sie sollen bei der Kreditbank AG die Inventur organisieren.

Welches Inventurverfahren werden Sie vorwiegend einzusetzen haben?

① Körperliche Bestandsaufnahme

② Aufnahme anhand von Urkunden

③ Buchmäßige Aufnahme

④ Aufnahme durch Stichproben

⑤ Aufnahme durch Schätzung

Lösung: _____

Aufgabe 7

Ein Kaufmann muss für den Schluss eines jeden Geschäftsjahres ein Inventar aufstellen. Wie lange darf ein Geschäftsjahr längstens dauern?

Tragen Sie die Anzahl der maximal möglichen Monate ein!

Lösung:

☐☐ Monate

Aufgabe 8

Die Kreditbank AG führt ein Termingeldkonto für die Schröder & Söhne OHG. Wie ist dieses Konto richtig gekennzeichnet?

① Es ist ein Erfolgskonto

② Es ist ein Bestandskonto

③ Es ist ein gemischtes Konto

④ Es ist ein durchlaufendes Konto

⑤ Es ist ein CpD-Konto

Lösung: _____

Aufgabe 9

Die Kreditbank AG, Düsseldorf, will ihren Jahresabschluss erstellen. Welche Aufstellungsgrundsätze hat sie u. a. zu beachten?

① Sie hat den Jahresabschluss nach den Grundsätzen ordnungsgemäßer Buchführung aufzustellen.

② Sie kann den Zeitpunkt der Aufstellung des Jahresabschlusses frei wählen.

③ Der Jahresabschluss muss klar und übersichtlich sein.

④ Der Jahresabschluss kann in einer beliebigen europäischen Währung erstellt werden.

⑤ Sie kann die Formblätter für den Jahresabschluss berücksichtigen.

⑥ Sie muss die nationalen und internationalen Regeln der Rechnungslegung immer beachten.

Lösung: _____

Aufgabe 10

Kreditinstitute haben die Grundsätze ordnungsmäßiger Buchführung zu beachten.

In welchen Fällen wird gegen diese Grundsätze verstoßen?

① Das Kreditinstitut verwendet Abkürzungen, um die Geheimhaltung gegenüber Dritten, z. B. den Betriebsprüfern des Finanzamtes, zu gewährleisten.

② Der Zugang zu den verarbeiteten Daten wird durch eine spezielle Zugangsberechtigung gesichert.

③ Sämtliche Geschäftsfälle werden zeitgerecht aufgezeichnet.

④ Die Handelsbücher werden in englischer Sprache geführt.

⑤ Es werden nur die bilanzwirksamen Geschäftsfälle erfasst.

⑥ Die Handelsbücher werden auf Datenträgern geführt.

Lösung: _____

Aufgabe 11

Bei der Kreditbank AG unterhält die Hallmeyer GmbH ein Kontokorrentkonto. Es besteht ein Debetsaldo von 5.500,00 EUR. Über das Bundesbankkonto der Kreditbank AG geht eine Gutschrift über 9.000,00 EUR für die Hallmeyer GmbH ein.

Welche Art von Bilanzveränderung verursacht diese Gutschrift bei der Kreditbank AG?

① Aktivtausch

② Passivtausch

③ Aktiv-Passivmehrung

④ Aktiv-Passivminderung

⑤ Keine Bilanzveränderung

Lösung: _____

Aufgabe 12

Bei der Kreditbank AG unterhält die Grünkern AG ein Kontokorrentkonto. Es besteht ein Debetsaldo von 5.500,00 EUR. Die Grünkern AG erhält über das Bundesbankkonto der Kreditbank AG eine Gutschrift von 9.000,00 EUR. Um welchen Betrag verändert sich durch diesen Überweisungseingang die Bilanzsumme der Kreditbank AG?

Geben Sie bei keiner Veränderung eine ⓪ , bei der Erhöhung eine ① und bei einer Minderung eine ② vor dem Betrag an!

Lösung:

☐ / ☐.☐☐☐,☐☐ EUR

Aufgabe 13

Sie sollen die Schlussbilanz der Kreditbank AG erstellen.

Wie ermitteln Sie die Inventurwerte?

① Durch das Feststellen aller Vermögens- und Schuldenwerte außerhalb des Systems der Doppik.

② Durch den Abschluss der Bestandskonten.

③ Durch die Saldierung der Erfolgskonten.

④ Durch die Addition der Bestands- und Erfolgskonten.

⑤ Durch die Inventur der Erfolgskonten.

Lösung: _____

Aufgabe 14

Die Kreditbank AG bucht nach dem System der Doppik.

Was gehört nicht zum System der Doppik?

① Eröffnungsbilanzkonto

② Aktivkonten

③ Passivkonten

④ Erfolgskonten

⑤ Schlussbilanz

Lösung: _____

Aufgabe 15

Für die Rechnungslegung ist die Verordnung über die Rechnungslegung der Kreditinstitute zu beachten

Was hat die Kreditbank AG nach dieser Verordnung hinsichtlich der Bilanz und Gewinn- und Verlustrechnung zu beachten?

① Institute haben die Bilanz nach den Gliederungsvorschriften des HGB zu erstellen.

② Die Bilanz ist in Kontoform zu erstellen.

③ Die Bilanz ist in Staffelform zu erstellen.

④ Die Bilanz ist in Konto- oder in Staffelform zu erstellen.

⑤ Die Gewinn- und Verlustrechnung ist in Staffelform zu erstellen.

⑥ Die Gewinn- und Verlustrechnung ist in Kontoform oder in Staffelform zu erstellen.

Lösung: _____

Aufgabe 16

Im Rechnungswesen Ihres Ausbildungsbetriebs (Sparkasse/Volksbank) werden neue Auszubildende erwartet. Sie sollen diesen erläutern, was der Kontenrahmen ist.

Welche richtige Auskunft werden Sie ihnen geben?

① Der Kontenrahmen ist in jeder Sparkasse/Volksbank individuell gestaltet.

② Der Kontenrahmen ermöglicht für die Institutsgruppe zwischenbetriebliche Vergleiche.

③ Der Kontenrahmen ist unabhängig von den Anforderungen des Jahresabschlusses gestaltet.

④ Der Kontenrahmen ist nach den Anforderungen des internen Rechnungswesens aufgebaut.

⑤ Der Kontenrahmen gibt einen Überblick über die beim Jahresabschluss zu beachtenden Bewertungsgrundsätze.

Lösung: _____

Aufgabe 17

Ein Auszubildender will von Ihnen wissen, warum sein Kreditinstitut einen Kontenplan benötigt.

Worüber gibt der Kontenplan Auskunft?

① Er ergänzt den Kontenrahmen durch weitere Kontenklassen.

② Er fasst inhaltlich zusammenhängende Konten einer Kontenklasse systematisch zusammen.

③ Er fasst überwiegend die Aufwands- und Ertragskonten zusammen.

④ Er gibt Auskunft über die Vermögens- und Schuldenwerte des Kreditinstituts.

⑤ Er ist das feststehende Raster zur Erfassung der in einem Kreditinstitut vorkommenden erfolgsunwirksamen Vorgänge.

Lösung: _____

Aufgabe 18

Die Kreditbank AG hat ihre Schlussbilanz aufgestellt.

Welche Angaben über diese Bilanzart sind zutreffend?

① Die beiden Seiten dieser Bilanz werden als Soll- und Habenseite bezeichnet.

② Die linke Seite der Bilanz ist die Aktivseite, die rechte die Passivseite.

2 Schuster - ISBN 978-3-8120-1194-5

③ Die Passivseite zeigt die Mittelverwendung der Kreditbank AG an.

④ Das Eigenkapital der Kreditbank AG muss immer auf der Aktivseite der Bilanz stehen.

⑤ Das Fremdkapital der Kreditbank AG wird auf der Passivseite der Bilanz ausgewiesen.

⑥ Die Passivseite der Bilanz gibt Auskunft über die Verwendung des eingesetzten Kapitals.

Lösung: _____

Aufgabe 19

Bei der Aufstellung des Jahresabschlusses nach dem HGB sind allgemeine Vorschriften zu beachten.

Welche dieser Aussagen werden diesen Vorschriften gerecht?

① Der Jahresabschluss kann nach den Grundsätzen ordnungsgemäßer Buchführung aufgestellt werden.

② Der Jahresabschluss ist in deutscher Sprache und in Euro aufzustellen.

③ Bei einem elektronisch aufgestellten Jahresabschluss kann auf die Unterzeichnung verzichtet werden, wenn auf diese Tatsache hingewiesen wird.

④ Der Zeitpunkt der Aufstellung des Jahresabschlusses ist grundsätzlich frei wählbar; er muss aber innerhalb von 12 Monaten nach der Inventur liegen.

⑤ Die Gliederung des Jahresabschlusses kann innerhalb einer Institutsgruppe einheitlich geregelt werden.

⑥ Der Jahresabschluss muss klar und übersichtlich sein.

Lösung: _____

Aufgabe 20

Bei welchen der folgenden Hauptbuchkonten der Kreditbank AG handelt es sich um aktive Bestandskonten?

① Spareinlagen mit dreimonatiger Kündigungsfrist

② Tagesgelder von Kunden

③ Sichteinlagen

④ Forderungen an Kunden

⑤ Verbindlichkeiten gegenüber der Deutschen Bundesbank

⑥ Deutsche Bundesbank – laufendes Konto

Lösung: _____

Aufgabe 21

Kerstin Wesp unterhält bei der Kreditbank AG ein laufendes Konto. Saldo: Soll 3.200,00 EUR. Frau Wesp reicht einen Barscheck im Betrag von 5.000,00 EUR zur Gutschrift ein, der von einem anderen Kontokorrentkunden dieses Kreditinstituts ausgestellt wurde. Das Konto des Scheckausstellers hatte vor der Buchung des Schecks ein Guthaben von 10.000,00 EUR.

Wie verändert sich die Bilanzsumme der Kreditbank AG durch diesen Geschäftsfall?

Tragen Sie die Art der Bestandsveränderung und den Betrag der Veränderung ein. Falls keine Betragsänderung erfolgt, füllen Sie die Lösungskästchen mit ⑨ aus.

① Aktivtausch   ④ Aktiv-Passivminderung

② Passivtausch   ⑤ Keine Bilanzveränderung

③ Aktiv-Passivmehrung

Lösung:

Distraktor ☐ / Betrag ☐.☐☐☐,☐☐ EUR

Aufgabe 22

Geben Sie an, um welche Art der Bilanzveränderung es sich bei diesen Geschäftsfällen handelt!

Aktivtausch = 1;   Aktiv-Passiv-Mehrung = 3;

Passivtausch = 2;   Aktiv-Passiv-Minderung = 4.

① Ein Debitor zahlt auf sein laufendes Konto bar ein. _____ ☐

② Ein Kreditinstitut zahlt Münzen auf sein Bbk-Konto ein. _____ ☐

③ Ein Kunde überträgt ein fälliges Guthaben von seinem Termingeldkonto auf sein Sparkonto. ☐

④ Ein Kreditor überweist an einen Nichtkunden. Ausführung über Bbk-Konto. _____ ☐

⑤ Ein Kreditor überweist eine Tilgungsrate von seinen lfd. Konto auf sein Darlehenskonto. _ ☐

⑥ Auf unserem Bbk-Konto geht eine Gehaltsgutschrift für einen Kreditor ein. _____ ☐

Aufgabe 23

Tragen Sie in die Lösungskästchen ein, um welche Kontoart es sich bei folgenden Sachverhalten handelt.

Aktivkonto = 1;   Ertragskonto = 4;

Passivkonto = 2;   Kapital- oder Bilanzkonto = 5;

Aufwandskonto = 3;   Kein Konto = 6.

Provisionserträge	
Eröffnungsbilanzkonto	
Spareinlagen	
Abschreibungen auf Sachanlagen	
Eigene Wertpapiere	
Schlussbilanz	
Gezeichnetes Kapital	
Geringwertige Wirtschaftsgüter	
Fonds für allgemeine Bankrisiken	
Begebene Schuldverschreibungen	
Gewinn- und Verlustrechnung	
Vorsteuer	
Kunden-Kontokorrent	

Aufgabe 24

Die Interhandels AG reicht der Kreditbank AG den Geschäftsbericht für das abgelaufene Geschäftsjahr ein. Geschäftsjahr = Kalenderjahr.

Einer ihrer Kollegen will sich aus diesem Geschäftsbericht über die bisherige Geschäftsentwicklung im laufenden Geschäftsjahr informieren.

Ist das möglich?

① Ja, durch die Auswertung der Bilanz

② Ja, durch die Auswertung der GuV-Rechnung

③ Ja, durch die Auswertung des Anhangs

④ Ja, durch die Auswertung des Lageberichts

⑤ Nein, da es sich um die Bilanz zum 31. Dez. des Vorjahres handelt.

Lösung: _____

Aufgabe 25

Bestimmte Geschäftsfälle sind auf Erfolgskonten zu buchen.

Wodurch sind diese Konten richtig beschrieben?

① Ihr Anfangsbestand steht entweder auf der Soll- oder auf der Habenseite.

② Ihr Schlussbestand wird durch eine Inventur ermittelt.

③ Aufwendungen werden immer auf der Sollseite gebucht.

④ Die Schlussbestände werden mit dem Schlussbilanzkonto abgeschlossen.

⑤ Sie haben keinen Anfangsbestand.

⑥ Ihr Schlussbestand steht immer auf der Habenseite.

Lösung: _____

2 Kunden- und Bankenkontokorrent

s. Lehrbuch, Kap. 4

Aufgabe 1

Das Kunden-Kontokorrent der Kreditbank AG ist nach folgenden Angaben aufzustellen und abzuschließen:

Anfangsbestand Forderungen an Kunden lt. Inventur	275.500 TEUR
Anfangsbestand Verbindlichkeiten gegenüber Kunden lt. Inventur	482.800 TEUR
Vorläufige Umsätze Soll	9.660.000 TEUR
Vorläufige Umsätze Haben	9.457.000 TEUR

Es sind noch die folgenden Umsätze für die Abrechnung des IV. Quartals zu berücksichtigen:

Sollzinsen	2.174 TEUR
Habenzinsen	176 TEUR
Buchungsentgelte	3.685 TEUR

Der Schlussbestand der Forderungen an Kunden betrug lt. Inventur 539.000 TEUR

Wie hoch sind die Verbindlichkeiten gegenüber Kunden in der Schlussbilanz anzusetzen, wenn keine Wertberichtigungen vorgenommen werden müssen?

Lösung:

S	Abschluss der Kundenkontokorrentkonten (in TEUR)	H

Aufgabenstamm für die Aufgaben 2 bis 5

Die Kreditbank AG führt die Skontren für die Kunden Gebauer GmbH und Schröder OHG.

Am Jahresanfang wies das Skontro der Gebauer GmbH einen Sollbestand von 23.950,00 EUR aus, das der Schröder OHG ein Guthaben von 182.800,00 EUR.

Bisher hatten die beiden Skontren folgende Umsätze:

Kunden	Soll Umsätze	Haben Umsätze
Gebauer GmbH	468.700,00 EUR	397.900,00 EUR
Schröder OHG	196.600,00 EUR	245.700,00 EUR

Es fallen noch die folgenden Geschäftsfälle an:

1. Erhöhung des Kreditlimits der Gebauer GmbH um 50.000,00 EUR.
2. Überweisungseingang über Bbk für die Gebauer GmbH 13.500,00 EUR.
3. Die Gebauer GmbH überweist eine Lieferrechnung über 1.450,00 EUR. Ausführung über Bbk.
4. Die Schröder OHG überweist an die Gebauer GmbH 2.500,00 EUR.
5. Die Gebauer GmbH hebt bar ab 1.500,00 EUR.
6. Das Finanzamt zieht bei der Schröder OHG die Einkommensteuer-Vorauszahlung über Bbk durch Lastschrift ein 20.000,00 EUR.
7. Über ein befreundetes Kreditinstitut geht eine Gutschrift für die Schröder OHG ein 5.400,00 EUR.

Führen Sie die beiden Skontren und das Kunden-Kontokorrentkonto!

Verwenden Sie für die Buchungen den beigefügten Kontenplan!

Aufgabe 2

Tragen Sie die Anfangsbestände in die beiden Skontren (unter der Aufgabe 4) ein.

Wie lauten die Buchungen der Anfangsbestände auf dem Konto Kunden-KK?

Nr.	Buchungssätze			Soll EUR	Haben EUR
EB		an			
EB		an			

Aufgabe 3

Tragen Sie die Summen der bisherigen Umsätze in die beiden Skontren und in das HK Kunden-KK ein.

Bilden Sie die erforderlichen Buchungssätze zu den noch nicht gebuchten Geschäftsfällen:

Nr.	Buchungssätze			Soll EUR	Haben EUR
1		an			
2		an			
3		an			
4		an			
5		an			
6		an			
7		an			

Aufgabe 4

Buchen Sie die Geschäftsfälle im Hauptbuch Kunden-KK und auf den Skontren.

Wie lauten die Abschlussbuchungen für die Kreditoren (8.) und Debitoren (9.)?

Nr.	Buchungssätze			Soll EUR	Haben EUR
8		an			
9		an			

S — Skontro Gebauer GmbH (in EUR) — H

S — Skontro Schröder OHG (in EUR) — H

Aufgabe 5

Geben Sie bei den Geschäftsfällen ① – ⑦ an, ob es sich um

- einen Aktivtausch = 1
- einen Passivtausch = 2
- eine Aktiv-Passiv-Mehrung = 3
- eine Aktiv-Passiv-Minderung = 4
- keine Auswirkung auf die Bilanz = 0

handelt!

Geschäftsfall	Lösung
①	
②	
③	
④	
⑤	
⑥	
⑦	

Aufgabe 6

Das Kontokorrentkonto der Kundin Claudia Leder hat einen Anfangsbestand von 1.595,00 EUR Soll.

Das Dispolimit beträgt 5.000,00 EUR.

Während des Geschäftstages fallen die folgenden Geschäftsfälle für diese Kundin an:

1. Gutschrift von der Krankenversicherung geht über Bbk ein 854,30 EUR.
2. Über das Konto eines befreundeten KI wird eine Lastschrift aufgrund einer von dieser Kundin erteilten SEPA-Basis-Lastschrift ausgeführt 362,50 EUR.
3. Die Kundin hebt am Geldautomaten eines fremden KI 700,00 EUR ab. Dieses KI zieht den Betrag zuzüglich einer Provision von 3,95 EUR, insgesamt 703,95 über unser Bbk ein.
4. Gehaltszahlung geht über das Konto einer Korrespondenzbank ein 2.250,00 EUR.
5. Die Kundin überweist an die Kundin Kerst & Schweitzer GmbH 52,80 EUR.

Wie lauten die Buchungssätze zu diesen Geschäftsfällen? Tragen Sie die Kontonummern aus dem Kontenplan und die Beträge ein!

Nr.	Buchungssätze		Soll EUR	Haben EUR
1		an		
2		an		
3		an		
4		an		
5		an		

Aufgabe 7

Buchen Sie die Geschäftsfälle der Aufgabe 6 auf dem Kontokorrentkonto Claudia Leder und der ermitteln Sie den Saldo des Kontos!

S	Kontokorrentkonto Claudia Leder (in EUR)	H

Geben Sie eine **1** und den Betrag an, wenn Claudia Leder zu den Debitoren gehört, eine **2** und den Betrag, wenn sie zu den Kreditoren gehört!

Lösung:

Distraktor ☐ / Betrag ☐.☐☐☐,☐☐ EUR

Aufgabe 8

Die Kreditbank AG unterhält Geschäftsbeziehungen mit mehreren anderen Kreditinstituten. Im Hauptbuch wird das Konto Banken-Kontokorrent geführt.

Welche Aussagen über dieses Hauptbuchkonto sind zutreffend?

① Dieses Konto hat keinen Anfangsbestand.

② Belastungsbuchungen bei kreditorisch und debitorisch geführten Skontren erhöhen den Sollumsatz.

③ Es sind nur die Umsätze auf Lorokonten im Banken-KK zu buchen.

④ Die kontoführende Stelle führt ein Nostrokonto für die Korrespondenzbank.

⑤ Die Schlussbestände der Forderungen an bzw. der Verbindlichkeiten gegenüber Kreditinstituten werden durch Saldieren des Hauptbuchkontos Banken-KK ermittelt.

⑥ Ein Sollsaldo auf einem Loroskontro zeigt die Verbindlichkeiten gegenüber der Korrespondenzbank.

Lösung: _____

Aufgabe 9

Schließen Sie das Banken-Kontokorrentkonto der Kreditbank AG ab! Es bestehen nur Lorokonten.

Anfangsbestand Forderungen an KI lt. Inventur	15.780.000 EUR
Anfangsbestand Verbindlichkeiten gegenüber KI lt. Inventur	29.850.000 EUR
Umsätze Soll	245.300.000 EUR
Umsätze Haben	246.500.000 EUR

Am Bilanzstichtag hatten die Lorokonten aus der Geschäftsverbindung die folgenden Sollbestände: Handelsbank AG 8.570.000 EUR; Bankhaus Emsmüller GmbH 1.530.000 EUR; Volksbank eG 1.390.000 EUR.

Hatte die Kreditbank AG am Bilanzstichtag Verbindlichkeiten gegenüber Kreditinstituten und falls ja, in welcher Höhe?

Geben Sie für Ja eine **1**; für Nein eine **2** in das Lösungskästchen ein. Geben Sie den Betrag in Nullen bzw. einem ermittelten Betrag in EUR ein!

S	Bankenkontokorrentkonto (in EUR)	H

Lösung:

Distraktor ☐ / Betrag ☐☐.☐☐☐.☐☐☐ EUR

3 Buchungen ohne Umsatzsteuer

Aufgaben 1–10

Bilden Sie die Buchungssätze zu folgenden bei der Kreditbank AG anfallenden Geschäftsfällen.

Tragen Sie die jeweils zutreffenden Kontonummern in die Lösungskästchen ein. Beträge sind nicht einzutragen.

Aufgaben	Geschäftsfälle	Kontierungen	
1	Bareinzahlung auf Sparkonto 130,00 EUR.		
2	Ein Kontokorrentkunde erhält über ein befreundetes Kreditinstitut eine Gutschrift 955,00 EUR.		
3	Ein Kunde überweist von seinem Termingeldkonto auf sein Kontokorrentkonto 10.000,00 EUR.		
4	Ein Kontokorrentkunde erteilt einen Überweisungsauftrag in Höhe von 2.570,00 EUR, der über die Deutsche Bundesbank ausgeführt wird.		
5	Ein Fremdkunde hebt entgeltpflichtig am GA 500,00 EUR ab. Entgelt 2,75 EUR. Verrechnung über die Deutsche Bundesbank.		
6	Ein Sparkunde kauft provisionsfrei von unserem KI begebene Schuldverschreibungen für 5.000,00 EUR.		
7	Ein Dauerauftrag eines Kontokorrentkunden in Höhe von 80,00 EUR wird über die Deutsche Bundesbank ausgeführt.		
8	Der Gegenwert einer fälligen eigenen Schuldverschreibung wird einem Sparkunden gutgeschrieben 10.000,00 EUR.		
9	Einem Kontokorrentkunden wird die Telefonrechnung für den Monat März belastet 43,50 EUR. Verrechnung über die Deutsche Bundesbank.		
10	Ein Kontokorrentkunde überweist an unsere Kundin Stadtwerke AG die Wasserrechnung. 1.223,00 EUR.		

4 Buchungen mit Umsatzsteuer

s. Lehrbuch, Kap. 5

Aufgaben 1–10

Bilden Sie die Buchungssätze zu folgenden bei der Kreditbank AG anfallenden Geschäftsfällen.

Tragen Sie die jeweils zutreffenden Kontonummern in die Lösungskästchen ein. Beträge sind nicht einzutragen.

Die Kreditbank AG bucht die Umsatzsteuer nach dem **Nettoverfahren**.

Aufgaben	Geschäftsfälle	Kontierungen	
1	Bareinzahlung eines Kontokorrentkunden.		
2	Für eine Werbeanzeige für ein neues Sparprodukt überweisen wir auf das laufende Konto der Anzeigen GmbH bei unserem KI 535,00 EUR einschl. 7 % USt.		
3	Einem Kontokorrentkunden werden 325,00 EUR Zinsen und 125,00 EUR Umsatzprovision belastet.		
4	Der Kunde zu Aufgabe 3 verweist auf eine Sonderkonditionsvereinbarung. Es werden ihm daher 25,00 EUR Umsatzprovision zurückerstattet.		
5	Ein Sparkunde lässt die dem Sparkonto gutgeschriebenen Zinsen auf sein laufendes Konto übertragen 45,90 EUR.		
6	Einem Depotkunden wird auf Wunsch eine Erträgnisaufstellung für das vergangene Jahr erteilt. 25,00 EUR + 19 % USt 4,75 EUR = 29,75 EUR. Der Betrag wird seinem Kontokorrentkonto belastet.		
7	Über die Deutsche Bundesbank wird der Rechnungsbetrag für ein Softwareupdate des Kreditbearbeitungsprogramms durch eine Lastschrift bei uns eingezogen. 1.250,00 EUR einschl. 19 % USt 199,57 EUR.		
8	Der Kaufpreis für Verpackungsetuis für Gold- und Silbermünzen wird auf das Konto des Lieferers bei einem befreundeten KI überwiesen. 2.000,00 EUR + 19 % USt 380,00 EUR = 2.380,00 EUR.		
9	Die Kreditbank AG überweist die Rechnung für Vordrucke auf das Konto des Lieferers (Kunde). 3.000,00 EUR + 19 % USt 570,00 EUR = 3.570,00 EUR. Die Vordrucke werden je zur Hälfte für umsatzsteuerpflichtige und umsatzsteuerfreie Geschäfts verwendet.		
10	Einem Depotkunden wird die Depotgebühr auf seinem Sparkonto belastet 130,00 EUR + 19 % USt 24,70 EUR = 154,70 EUR.		

Aufgabe 11

Buchen Sie die in den Aufgaben 1–10 angefallene Umsatzsteuer auf den Konten und ermitteln Sie die Zahllast.

S	41 Vorsteuer	H		S	40 Umsatzsteuer (MWSt)	H

Wie hoch ist die USt-Zahllast? Geben Sie vor dem Betrag eine ① an, wenn es sich um eine Forderung an das Finanzamt handelt bzw. eine ② , wenn es sich um eine Verbindlichkeit gegenüber dem Finanzamt handelt!

Lösung: ☐ / Betrag ☐☐☐ , ☐☐ EUR

Aufgabe 12

Wie lautet die Abschlussbuchung auf dem Konto Umsatzsteuer (MWSt)?

Buchungssätze			Soll EUR	Haben EUR
	an			

5 *Belegbuchungen*

s. Lehrbuch, Kap. 3

Bilden Sie die Buchungssätze für die folgenden Geschäftsfälle!

Tragen Sie die zutreffenden Kontonummern des Kontenplans in die Lösungskästchen ein!

Aufgabe 1

Bilden Sie den Buchungssatz!

Bareinzahlung auf eigenes Girokonto		Kreditbank AG
Kontonummer 271 500	lautend auf Name, Vorname/Firma Karolin Forster	
(falls erforderlich): Einzahlung durch: Name, Vorname/Firma		EUR 550,00
07.10.20.. Datum	Forster Unterschrift der einzahlenden Person	

Für Einzahlungen auf fremde Girokonten bitte Zahlscheine verwenden.

Mehrzweckfeld	x	Konto-Nr.	x	Betrag	x	Bankleitzahl	x	Text

Bitte dieses Feld nicht beschriften oder bestempeln

Lösung:

Aufgaben

Aufgabe 2

Bilden Sie den Buchungssatz!

Auszahlung	**Kreditbank AG**

Konto lautend auf Name, Vorname/Firma

Carsten Lehmann

Kontonummer

22436957

Stichwort-Passwort:

Schneeballschlacht

Betrag: Euro   Cent

883,00

Betrag in Buchstaben

Achthundertdreiundachtzig Euro

Betrag in bar erhalten:

14. Februar 20..   *Carsten Lehmann*

Datum   Unterschrift wie hinterlegt

Lösung:

Aufgabe 3

Bilden Sie den Buchungssatz!

€uro-Überweisung   SEPA

Kreditbank AG   513 400 00   **Nur für Überweisungen in Deutschland und in andere EU-/EWR-Staaten in Euro**
Bitte Meldepflicht gemäß Außenwirtschaftverordnung beachten!
Entgeltfreie Auskunft unter 0800 - 1234 111

Angaben zum Zahlungsempfänger: Name, Vorname/Firma (max. 27 Stellen, bei maschineller Beschriftung max. 35 Stellen)

MOBSER GmbH

IBAN

DE3051340000002000000Z

BIC des Kreditinstituts/Zahlungsdienstleisters (8 oder 11 Stellen)

KRBKAG4F

EUR   Betrag: Euro, Cent   *1527,60*

Kunden-Referenznummer - Verwendungszweck, ggf. Name und Anschrift des Zahlers - (nur für Zahlungsempfänger)

RE 4071 v. 21.03.

noch Verwendungszweck (insgesamt max. 2 Zeilen à 27 Stellen, bei maschineller Beschriftung max. 2 Zeilen à 35 Stellen)

Angaben zum Kontoinhaber: Name, Vorname/Firma, Ort (max. 27 Stellen, keine Straßen- oder Postfachangaben)

SCHOMBER, R.

IBAN

DE 8051340000045678911   16

BITTE NICHT VERGESSEN: *02.05.20..*   *Schomber*

Datum   Unterschrift(en)

Lösung:

Aufgabe 4

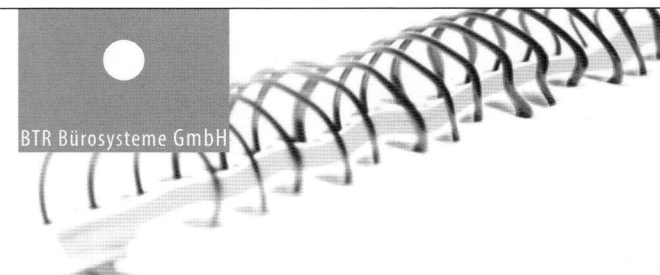

BTR Bürosysteme GmbH · Postfach 22 30 · 35394 Gießen

Kreditbank AG
Hauptstraße 18
35394 Gießen

Kunden-Nr.	50586
Rechnungs-Nr.:	332200
Rechnungsdatum:	17. März 20..

Rechnung

Artikel-Nr.	Bezeichnung	Menge	Mengeneinheit	Preis EUR	Preiseinheit	Betrag	Skonto
14873	Papierkörbe	10	Stück	15,00	1	150,00	2 %
				Rabatt 10 %		15,00	
				Auftragssumme		135,00	
				USt 19 %		25,65	
				Rechnungsbetrag		**160,65**	

Fällig: **16. April 20..**

Bei Zahlung innerhalb von 10 Tagen nach Rechnungsdatum gewähren wir den angegebenen Skontosatz.

Unsere Lieferungen erfolgen nach den Ihnen bekannten Allgemeinen Geschäftsbedingungen.
Gerichtsstand: Gießen

Am unteren Rain 12 35394 Gießen	Telefon 0641 93400 Fax 0641 934110 www.btr-bürosysteme.de btr@web.de	Geschäftsführer: Christoph Mann Ingrid Weber	Bankverbindung: Volksbank Mittelhessen eG BLZ 513 900 00 Konto 21 34 65 89 IBAN DE02513900000021346589	Amtsgericht Gießen HRB 1000 USt-Id-Nr.: DE 11444879 ILN 20 22 999 0000 2

Die Papierkörbe werden im umsatzsteuerfreien Bereich eingesetzt.

Wie bucht die Kreditbank AG, wenn sie am 15. April den Rechnungsbetrag überweist?

Lösung:

Nr.	Buchungssätze			Soll EUR	Haben EUR
4		an			
		an			

6 Bestandteile des Jahresabschlusses und Vorschriften zu dessen Aufstellung

Aufgabe 1

Die Volksbank Mittelhessen hat eine Bilanzsumme von ca. 6 Mrd. EUR. Sie ist nicht kapitalmarktorientiert. Es liegt kein Konzern vor.

s. Lehrbuch, Kap. 8.1/8.2

Welche Aussagen über den Jahresabschluss dieses Kreditinstituts sind richtig?

① Bilanz, Gewinn- und Verlustrechnung und Lagebericht bilden eine Einheit.

② Es besteht keine Pflicht zur Erstellung eines Lageberichts.

③ Ein Eigenkapitalspiegel ist zwingend vorgeschrieben.

④ Bilanz, Gewinn- und Verlustrechnung und Anhang bilden eine Einheit. Außerdem ist ein Lagebericht zu erstellen.

⑤ Bilanz, Gewinn- und Verlustrechnung und Anhang bilden eine Einheit. Außerdem kann ein Lagebericht erstellt werden.

⑥ Der Jahresabschluss kann auch nach den Regeln für große Kapitalgesellschaften erstellt werden.

Lösung: _____

Aufgabe 2

Die Kreditbank AG ist ein kapitalmarktorientiertes Kreditinstitut ohne Pflicht zur Erstellung eines Konzernabschlusses.

Aus welchen Teilen besteht der Jahresabschluss dieses Kreditinstitutes?

Kennzeichnen Sie die Bestandteile, die eine Einheit bilden, mit **1**; ergänzende Bestandteile mit einer **2** und freiwillige Bestandteile mit einer **3**.

1. Anhang _____ ☐

2. Bilanz _____ ☐

3. Eigenkapitalspiegel _____ ☐

4. Gewinn- und Verlustrechnung _____ ☐

5. Kapitalflussrechnung _____ ☐

6. Lagebericht _____ ☐

7. Segmentberichterstattung _____ ☐

Aufgabe 3

Sie sollen bei der Erstellung des Jahresabschlusses einer großen Kreditgenossenschaft, die nicht kapitalmarktorientiert ist, mitarbeiten.

Was muss bei der Erstellung des Jahresabschlusses beachtet werden?

① Die Gliederung der Jahresbilanz und des Gewinn- und Verlustkontos erfolgt nach den Vorschriften des HGB.

② Die Inhalte der einzelnen Posten der Bilanz und der Gewinn- und Verlustrechnung müssen den Vorschriften der RechKredV entsprechen.

③ Im Anhang muss auch über den Geschäftsverlauf berichtet werden.

④ Im Anhang müssen u. a. die auf Posten der Bilanz und der GuV-Rechnung angewandten Bilanzierungs- und Bewertungsmethoden angegeben werden.

⑤ Es dürfen keinerlei Hinweise auf Entwicklungen seit dem Bilanzstichtag gegeben werden.

⑥ Auf den Jahresabschluss sind die Regeln für kleinere Kapitalgesellschaften anzuwenden, da Kreditgenossenschaften keine Gewinnmaximierung anstreben.

Lösung: _____

Aufgabe 4

Die Sparkasse Laubach gehört mit einer durchschnittlichen Bilanzsumme von ca. 250 Mio. EUR zu den kleinen Sparkassen.

Welche Aussagen über die Prüfung, den Bestätigungsvermerk und die Offenlegung des Jahresabschlusses sind für derartige Sparkassen zutreffend?

① Diese Kreditinstitute können auf die Prüfung ihres Jahresabschlusses und des Lageberichts verzichten.

② Für eine Prüfung wäre die Prüfungsstelle eines Sparkassen- und Giroverbands zuständig.

③ Auf die Offenlegung des Jahresabschlusses können kleinere Kreditinstitute verzichten.

④ In einem Bestätigungsvermerk wird bestätigt, dass die Buchführung und der Jahresabschluss nach pflichtgemäßer Prüfung den gesetzlichen Vorschriften entsprechen.

⑤ Der Bestätigungsvermerk nimmt keinen Bezug auf die Ordnungsmäßigkeit der Buchführung, sondern nur auf den Jahresabschluss.

⑥ Eine Versagung des Bestätigungsvermerks muss im elektronischen Bundesgesetzblatt veröffentlicht werden.

Lösung: _____

Aufgabe 5

Neben den Grundsätzen ordnungsmäßiger Buchführung sind die Grundsätze für die Bilanzierung zu beachten.

Welche Aussagen über die Grundsätze für die Bilanzierung sind richtig?

① Die Grundsätze der Bilanzierung umfassen die Ansatzvorschriften und die Bewertungsgrundsätze.

② Die Grundsätze der Bilanzierung stellen den Rechtsrahmen dar, der je nach Art und Umfang des Unternehmens abgewandelt werden darf.

③ Die Ansatzvorschriften regeln, wie zu bilanzieren ist.

④ Die Ansatz- und Bewertungsvorschriften müssen in der Regel in den folgenden Rechnungsperioden beibehalten werden.

⑤ Die Ansatzvorschriften legen fest, mit welchem Wert die zu bilanzierenden Posten jeweils anzusetzen sind.

⑥ Die Grundsätze für die Bilanzierung verlangen, dass jeder Geschäftsfall von einem sachverständigen Dritten in einer angemessenen Zeit nachvollzogen werden kann.

Lösung: _____

Aufgabe 6

Die Kreditbank AG hat bestimmte Ansatzvorschriften (Bilanzierungsgrundsätze) bei der Erstellung des Jahresabschlusses zu beachten.

Welche Handlungen entsprechen den Ansatzvorschriften?

① Falls gesetzlich nicht anderes bestimmt ist, muss der Jahresabschluss sämtliche Vermögensgegenstände, Schulden, Jahresabgrenzungsposten sowie Aufwendungen und Erträge enthalten.

② Vermögensgegenstände sind ausschließlich in der Bilanz des (rechtlichen) Eigentümers auszuweisen.

③ Aufwendungen und Erträge dürfen in keinem Falle miteinander verrechnet werden.

④ Die Kreditbank AG darf ihre Ansatzmethoden auch rückwirkend jährlich einmal ändern, wenn dies der Sicherung ihres Geschäftsbetriebes dient.

⑤ Die Kreditbank AG muss für den Jahresabschluss das nach der RechKredVO vorgesehene Formblatt verwenden.

Lösung: _____

Aufgabe 7

Die Kreditbank AG kauft ein Spezialkreditinstitut zum Preis von 15 Mio. EUR. Das gekaufte Institut hat ein Vermögen von 140 Mio. EUR und Verbindlichkeiten von 129 Mio. EUR.

a) Welchen Betrag hat die Kreditbank AG für den Geschäfts- oder Firmenwert gezahlt?

b) Mit welchem Betrag ist dieser Kauf insgesamt in die Bilanz der Kreditbank AG aufzunehmen?

Lösung:

Aufgabe 8

Bei der Aufstellung des Jahresabschlusses hat die Kreditbank AG handelsrechtliche Bewertungsvorschriften (Bewertungsgrundsätze) zu beachten.

Ordnen Sie die folgenden Aussagen den entsprechenden Bewertungsgrundsätzen zu:

Aussagen	Bewertungsgrundsätze
1. Die auf den vorangegangenen Jahresabschluss angewandten Bewertungsmethoden sind beizubehalten.	☐ Grundsatz der periodengerechten Erfolgsermittlung
2. Aufwendungen und Erträge des Geschäftsjahres sind unabhängig von den Zeitpunkten der entsprechenden Zahlungen im Jahresabschluss zu berücksichtigen.	☐ Grundsatz der Bilanzkontinuität
3. Bei der Bewertung ist von der Fortführung der Unternehmenstätigkeit auszugehen.	☐ Stichtagsprinzip
4. Die Wertansätze der Eröffnungsbilanz müssen mit denen der Schlussbilanz des vorangehenden Geschäftsjahres übereinstimmen.	☐ Grundsatz der Bewertungsstetigkeit
5. Grundsätzlich ist die Bewertung auf Basis der am Bilanzstichtag geltenden Verhältnisse vorzunehmen.	☐ Grundsatz der Betriebsfortführung

© MERKUR VERLAG RINTELN – Schuster

4 Schuster - ISBN 978-3-8120-1194-5

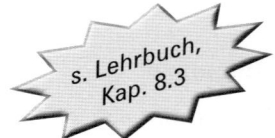

s. Lehrbuch, Kap. 8.3

7 Ziele der Bewertung nach Handels- und Steuerrecht

Aufgabe 1

Bei der Erstellung des Jahresabschlusses kommt der Bewertung des Vermögens und der Schulden eine große Bedeutung zu.

Welche Aussagen über die Ziele der Bewertung sind zutreffend?

① Die Bewertungen nach dem Handelsrecht und dem Steuerrecht müssen übereinstimmen.

② Die handelsrechtliche Bewertung soll helfen, die tatsächliche Vermögens-, Finanz- und Ertragslage des Unternehmens darzustellen.

③ Die steuerrechtliche Bewertung hat auch zum Ziel, eine gerechte Gewinnverteilung zu ermöglichen.

④ Bei der steuerrechtlichen Bewertung stehen konjunkturelle und gesellschaftspolitische Überlegungen im Mittelpunkt.

⑤ Ein wesentlicher Aspekt der steuerrechtlichen Bewertungsvorschriften besteht im Erreichen einer möglichst gerechten Besteuerung.

⑥ Nicht ausschließlich ökonomische Überlegungen dürfen weder bei der handelsrechtlichen noch bei der steuerrechtlichen Bewertung eine Rolle spielen.

Lösung: _____

Aufgabe 2

Sie wollen sich über die Bewertungsvorschriften nach dem Handelsrecht informieren.

In welchem Gesetz können Sie das tun?

① Bewertungsgesetz   ④ Abgabenordnung

② Einkommensteuergesetz   ⑤ Kreditwesengesetz

③ Handelsgesetzbuch

Lösung: _____

Aufgabe 3

Bei der steuerlichen Gewinnermittlung der Kreditbank AG können handels- und steuerrechtliche Bewertungsvorschriften zum Tragen kommen.

Welche Aussagen über das Verhältnis dieser Vorschriften sind richtig?

① Maßgeblich für die steuerliche Gewinnermittlung ist ausschließlich die von Kreditinstituten zu erstellende Steuerbilanz.

② Die Handelsbilanz ist Grundlage für die steuerliche Gewinnermittlung. Steuerliche Anpassungen sind nicht erforderlich.

③ Die Kreditbank AG kann eine Steuerbilanz erstellen oder die Handelsbilanz mit vorgeschriebenen steuerlichen Anpassungen versehen.

④ Steuerliche Aktivierungs- oder Passivierungsverbote brauchen in der Handelsbilanz in keinem Falle beachtet zu werden.

⑤ Nur steuerrechtliche Wahlrechte können unabhängig von der Handelsbilanz in der Steuerbilanz ausgeübt werden.

⑥ Wahlrechte, die sowohl handelsrechtlich als auch steuerrechtlich bestehen, dürfen in der Handelsbilanz und in der Steuerbilanz nicht unterschiedlich ausgeübt werden.

Lösung: _____

Aufgabe 4

Die Kreditbank AG muss Vermögensgegenstände des Anlagevermögens und des Umlaufvermögens bewerten.

Was trifft auf diese Vermögensgegenstände zu?

① Vermögensgegenstände, die länger als sechs Monate genutzt werden, gehören zum Anlagevermögen.

② Vermögensgegenstände des Anlage- und des Umlaufvermögens sind nach denselben Bewertungsvorschriften zu bewerten.

③ Die Art der Vermögensgegenstände und die Tatsache, ob diese dauerhaft dem Geschäftsbetrieb der Kreditbank AG dienen sollen oder nicht, bestimmen die Art ihrer Bewertung.

④ Nicht dauerhaft dem Geschäftsbetrieb der Kreditbank AG dienende Vermögensgegenstände werden wie Anlagevermögen bewertet.

⑤ Jährlich kann neu festgelegt werden, ob in vergangenen Geschäftsperioden angeschaffte Vermögensgegenstände wie Anlage- oder wie Umlaufvermögen bewertet werden.

⑥ Die Kreditbank AG muss im Zeitpunkt der Anschaffung entscheiden, ob bestimmte Vermögensgegenstände dauerhaft oder nicht dauerhaft ihrem Geschäftsbetrieb dienen sollen.

Lösung: _____

Aufgabe 5

Es werden verschiedene Arten von Anlagevermögen unterschieden.

Kennzeichnen Sie die folgenden Arten mit einer **1**, wenn es sich um immaterielles Vermögen, mit einer **2**, wenn es sich um Sachanlagen und mit einer **3**, wenn es sich um Finanzanlagen handelt.

Darlehensforderungen _____ ☐

Gebäude _____ ☐

Geschäfts- oder Firmenwert _____ ☐

Beteiligungen _____ ☐

Betriebs- und Geschäftsausstattung _____ ☐

Gemälde _____ ☐

8 *Betriebs- und Geschäftsausstattung*

Aufgabe 1

Kreditinstitute müssen u. a. auch die Betriebs- und Geschäftsausstattung bewerten.

Was gehört zur Betriebs- und Geschäftsausstattung eines Kreditinstitutes?

① Das Gemälde in einem Beratungsraum.

② Der Bauplatz, der zum Neubau des technischen Zentrums vorgesehen ist.

③ Die Laptops für die Kundenberater.

④ Kontoauszugsdrucker in den Service-Centern.

⑤ Die Telefonanlage.

⑥ Die Fahrstuhlanlage.

Lösung: _____

Aufgabenstamm für die Aufgaben 2 bis 6

Für eine Filiale kauft die Kreditbank AG eine Schließfachanlage (umsatzsteuerpflichtig). Der Listenpreis beträgt 75.000,00 EUR. Umsatzsteuersatz 19 %. Der Lieferant gewährt auf den Listenpreis 8 % Rabatt. Zahlungsbedingung: rein netto bei Lieferung.

Vor der Inbetriebnahme muss die Kreditbank AG noch Umbauten durchführen lassen, die einschließlich 19 % USt 3.094,00 EUR kosten.

Im Controlling wird für diese Investition eine jährliche Zinsbelastung von 0,56 % ermittelt.

Aufgabe 2

Wie viel EUR Rabatt gewährt der Lieferant der Schließfachanlage der Kreditbank AG?

Lösung:

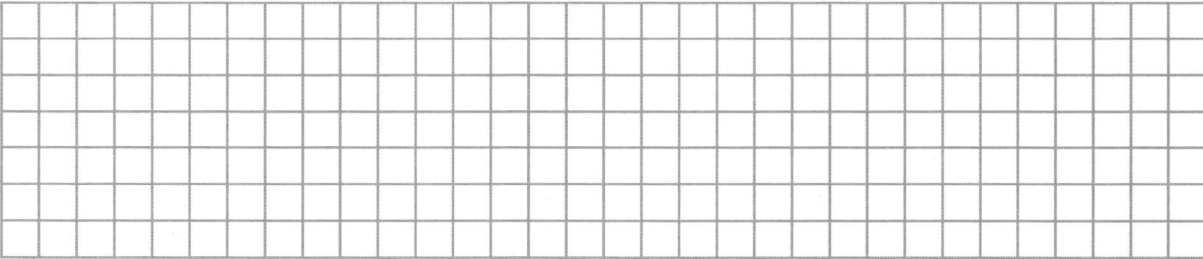

Aufgabe 3

Welchen Betrag hat die Kreditbank AG diesem Lieferanten zu überweisen?

Lösung:

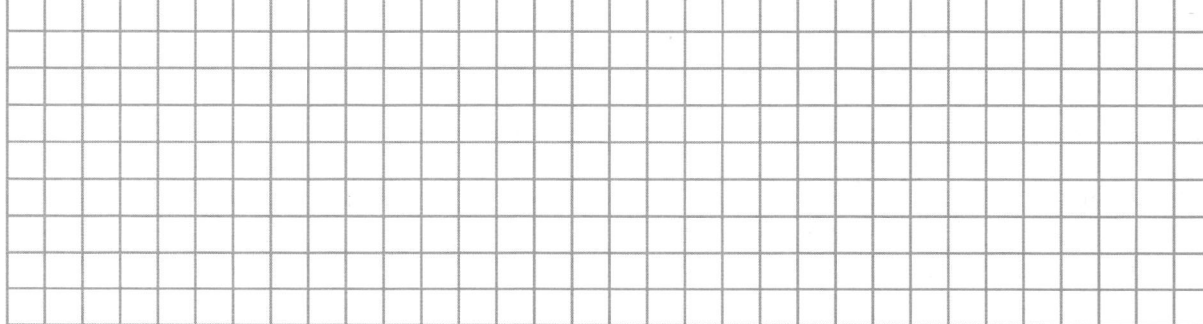

Aufgabe 4

Wie viel EUR Umsatzsteuer sind in der Rechnung für die erforderlichen Umbauten enthalten?

Lösung:

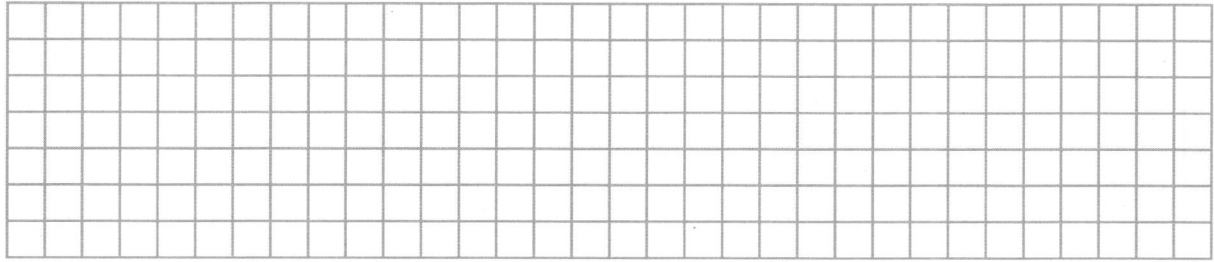

Aufgabe 5

Wie hoch sind die Anschaffungskosten dieser Schließfachanlage für die Kreditbank AG?

Lösung:

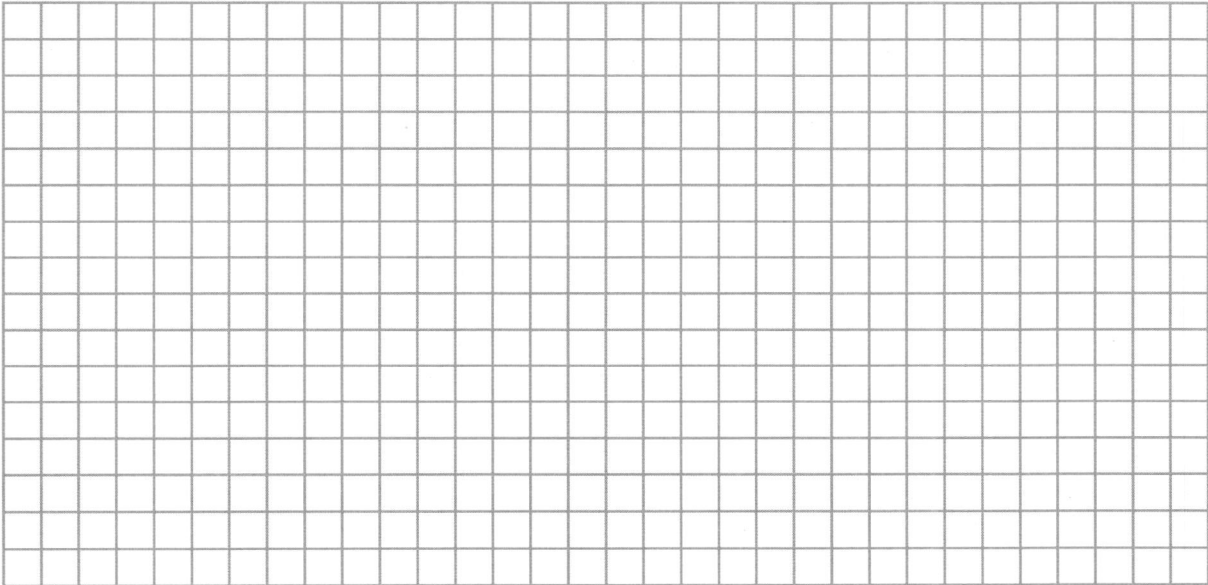

Aufgabe 6

Die Kreditbank AG überweist dem Lieferanten der Schließfachanlage den Rechnungsbetrag auf dessen Konto bei einem fremden Kreditinstitut. Es besteht mit diesem Institut keine direkte Kontoverbindung.

Wie ist zu buchen?

Lösung:

Nr.	Buchungssätze			Soll EUR	Haben EUR
6					

Aufgabe 7

Die Kreditbank AG überweist dem Handwerker die Umbaukosten auf das bei dieser Bank geführte Geschäftskonto.

Wie ist zu buchen?

Lösung:

Nr.	Buchungssätze			Soll EUR	Haben EUR
7					

Aufgabenstamm für die Aufgaben 8 bis 12

Für einen Beratungsraum für die Immobilienfinanzierung beschafft die Kreditbank AG einen Konferenztisch mit 10 dazugehörigen Lederstühlen zum Listenpreis von 3 360,00 EUR zzgl. 19 % USt.

Der Lieferer gewährt 5 % Rabatt.

Zahlungsbedingung: 2 % Skonto bei Zahlung innerhalb von 10 Tagen, 60 Tage netto.

Lieferbedingung: frei Haus.

Aufgabe 8

Welchen Betrag hätte die Kreditbank AG dem Lieferanten zu überweisen, wenn sie das Zahlungsziel beansprucht?

Lösung:

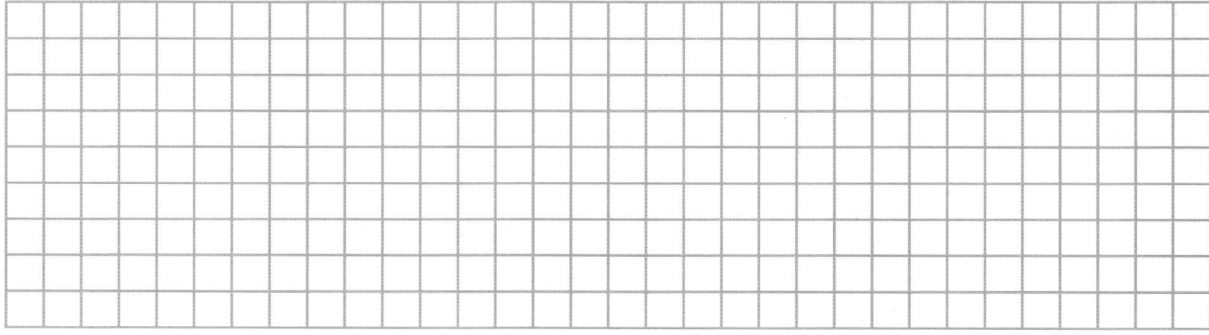

Aufgabe 9

Wie viel EUR hat die Kreditbank AG dem Lieferanten zu überweisen, wenn sie innerhalb der Skontofrist bezahlt?

Lösung:

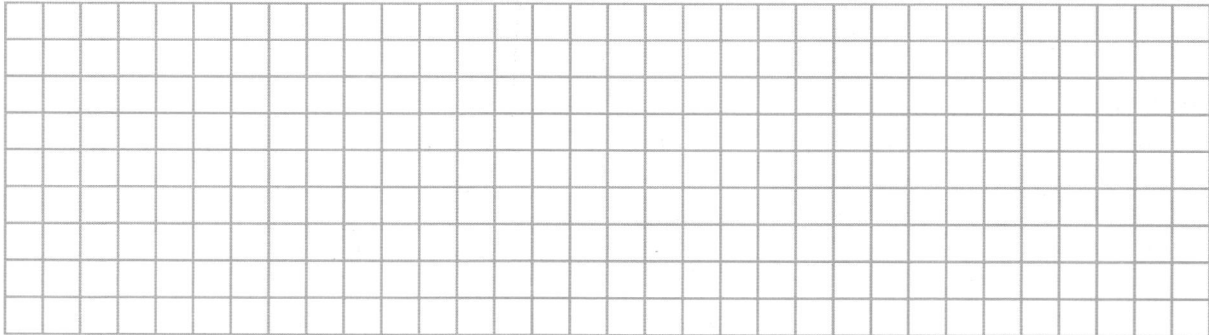

Aufgabe 10

Wie hoch ist der Zinssatz für diesen Lieferantenkredit effektiv?

Lösung:

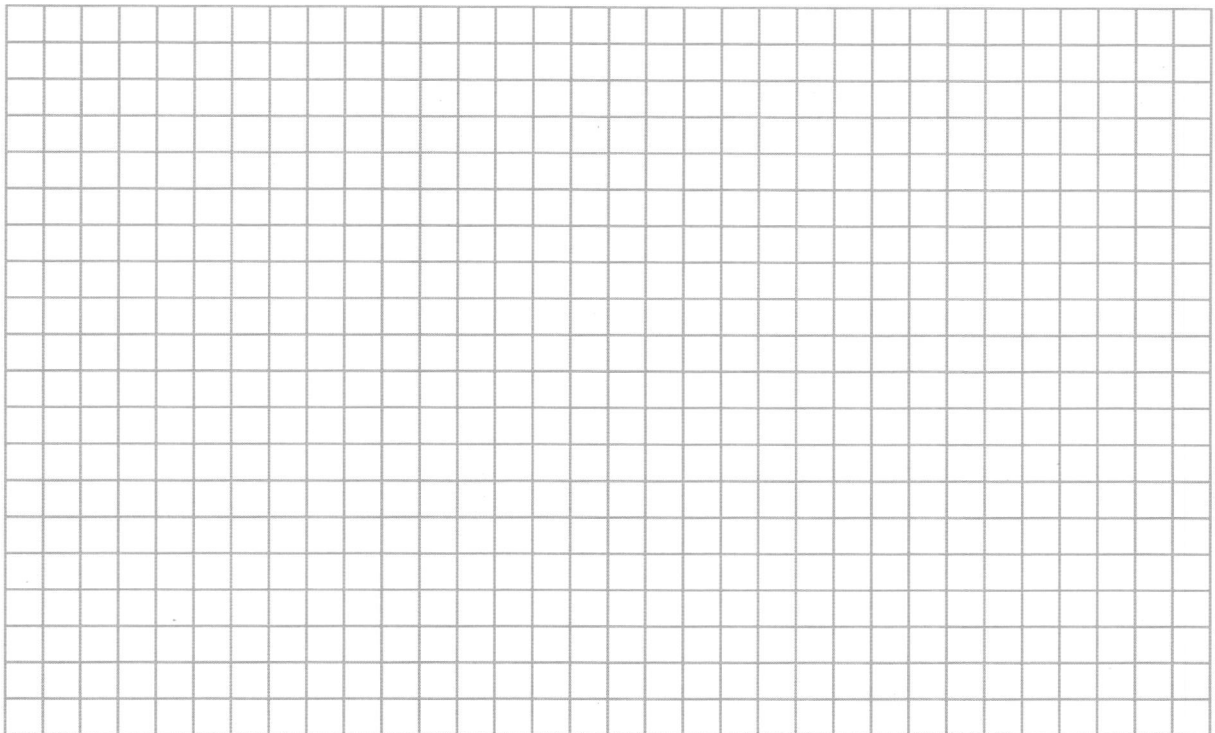

Aufgabe 11

Wie hoch sind die zu bilanzierenden Anschaffungskosten, wenn die Kreditbank AG innerhalb der Skontofrist bezahlt?

Lösung:

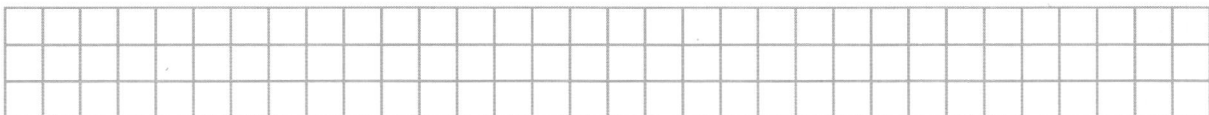

Aufgabe 12

Die Kreditbank AG überweist dem Lieferant den Rechnungsbetrag innerhalb der Skontofrist. Der Lieferant hat sein Konto bei einem befreundeten Kreditinstitut.

Wie ist zu buchen?

Lösung:

Nr.	Buchungssätze			Soll EUR	Haben EUR
12					

Aufgabenstamm für die Aufgaben 13 bis 16

Die Kreditbank AG erhält von der BTR Bürosysteme GmbH die folgende Rechnung. Die Notebooks werden den Kundenberatern für umsatzsteuerbefreite Beratungsleistungen zur Verfügung gestellt.

Die Bowler Bags sind Spezialanfertigungen für diese Notebooks.

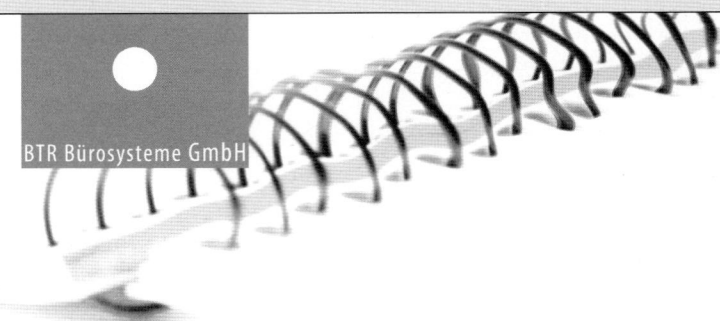

BTR Bürosysteme GmbH · Postfach 22 30 · 35394 Gießen

Kreditbank AG
Hauptstraße 18
35394 Gießen

Kunden-Nr.	50586
Rechnungs-Nr.:	363358
Rechnungsdatum:	13. Januar 20..

Rechnung

Artikel-Nr.	Bezeichnung	Menge	Mengeneinheit	Preis EUR	Preiseinheit	Rabatt	Betrag	Skonto
22854M	Apple MacBook Pro 39	2	Stück	1.800,00	1	5 %	3.420,00	
17643X	Bowler Bag 39, 11 cm	2	Stück	60,00	1	10 %	108,00	
				Auftragssumme			3.528,00	
				USt 19 %			670,32	
				Rechnungsbetrag			**4.198,32**	

Fällig: **23. Januar 20..**

Zahlbar innerhalb von 10 Tagen nach Lieferung ohne Abzug.

Unsere Lieferungen erfolgen nach den Ihnen bekannten Allgemeinen Geschäftsbedingungen.
Gerichtsstand: Gießen

Am unteren Rain 12 35394 Gießen	Telefon 0641 93400 Fax 0641 934110 www.btr-bürosysteme.de btr@web.de	Geschäftsführer: Christoph Mann Ingrid Weber	Bankverbindung: Volksbank Mittelhessen eG BLZ 513 900 00 Konto 21 34 65 89 IBAN DE02513900000021346589	Amtsgericht Gießen HRB 1000 USt-Id-Nr.: DE 11444879 ILN 20 22 999 0000 2

Aufgabe 13

Wie hoch sind die Anschaffungskosten?

Lösung:

Aufgabe 14

Am 22. Jan. 01 überweist die Kreditbank AG den Rechnungsbetrag auf das Konto des Lieferers bei der Volksbank Mittelhessen eG. Verrechnung über Bundesbank.

Wie bucht die Kreditbank AG?

Lösung:

Nr.	Buchungssätze			Soll EUR	Haben EUR
14					

Aufgabe 15

Sie sollen im Rahmen der Arbeiten zum Jahresabschluss einen Abschreibungsplan für diese Beschaffung erstellen.

Welche Informationen benötigen Sie, um diesen Auftrag nach den handelsrechtlichen Vorschriften erledigen zu können?

① Den Listenpreis des Vermögensgegenstandes zuzüglich der Finanzierungskosten.

② Die handelsrechtlich verbindlich vorgeschriebenen Abschreibungsmethoden.

③ Die wahrscheinliche Wertentwicklung des Vermögensgegenstandes.

④ Die Anschaffungskosten des Vermögensgegenstandes.

⑤ Die maximale Nutzungsdauer des Vermögensgegenstandes.

⑥ Die betriebsgewöhnliche Nutzungsdauer des Vermögensgegenstandes.

Lösung: _____

Aufgabe 16

Die betriebsgewöhnliche Nutzungsdauer wird mit 3 Jahren angesetzt.

Erstellen Sie den Abschreibungsplan für diese Anschaffung insgesamt!

Lösung:

5 Schuster - ISBN 978-3-8120-1194-5

© MERKUR VERLAG RINTELN – Schuster

Aufgabe 17

Wie ist die Abschreibung am Ende des ersten Geschäftsjahres zu buchen?

Lösung:

Nr.	Buchungssätze			Soll EUR	Haben EUR
17					

Aufgabenstamm für die Aufgaben 18 bis 21

Für den ausschließlichen Einsatz im Bereich der Immobilienvermittlung kauft die Kreditbank AG bei ihrem Kunden Reichmann GmbH am 15. Januar eine Wärmebildkamera zum Preis von 7.495,00 EUR + 19 % USt 1.424,05 EUR. Lieferung frei Haus.

Zahlungsbedingung: Zahlbar innerhalb von 10 Tagen netto.

Aufgabe 18

Am 25. Jan. überweist die Kreditbank AG den Rechnungsbetrag auf das bei ihr geführte Geschäfts-konto der Reichmann GmbH.

Wie bucht die Kreditbank AG?

Lösung:

Nr.	Buchungssätze			Soll EUR	Haben EUR
18					

Aufgabe 19

Wegen eines leichten Mangels an der Wärmebildkamera erhält die Kreditbank AG am 30. Jan. von der Reichmann GmbH 891,90 EUR auf ihr Konto bei der Bundesbank überwiesen.

Wie bucht die Kreditbank AG?

Lösung:

Nr.	Buchungssätze			Soll EUR	Haben EUR
19					

Aufgabe 20

Die betriebsgewöhnliche Nutzungsdauer der Wärmebildkamera wird mit 6 Jahren angenommen. Der Nutzenverlauf ist linear.

Erstellen Sie den Abschreibungsplan für diese Anschaffung!

Runden Sie das Ergebnis auf volle zwei Stellen nach dem Komma.

Lösung:

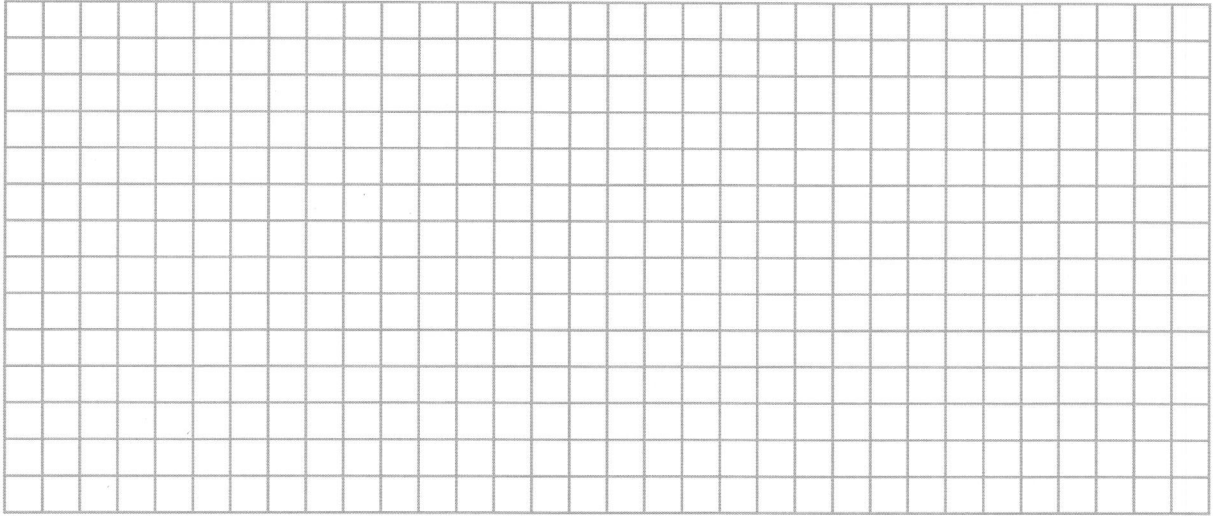

Aufgabe 21

Wie bucht die Kreditbank AG die Abschreibung der Wärmebildkamera am Ende des ersten Geschäftsjahres?

Lösung:

Nr.	Buchungssätze			Soll EUR	Haben EUR
21					

Aufgabenstamm für die Aufgaben 22 bis 26

Die Kreditbank AG lässt im Juli in einer Filiale eine multifunktionale Einbruchsmelde- und Fernsehüberwachungsanlage erneuern.

Diese Anlage wird am 25. Juli von der Kreditbank AG abgenommen und benutzt.

Die mit den Arbeiten beauftragte Electronic Security GmbH schickt am 15.08. die Rechnung über insgesamt 22.750,00 EUR zuzüglich 19 % USt. Zahlung innerhalb von 20 Tagen ohne Abzug von Skonto.

Aufgabe 22

Wie hoch sind die Anschaffungskosten für diese Anlage?

Lösung:

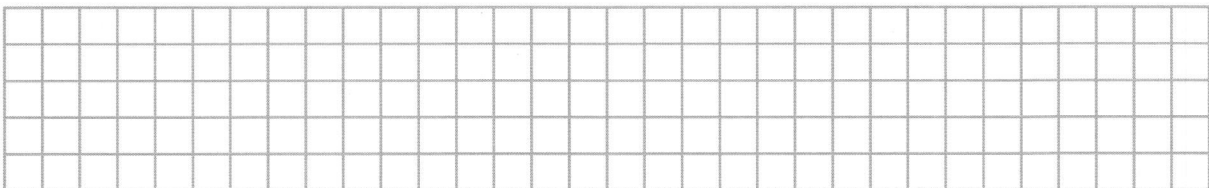

Aufgabe 23

Am 3. August überweist die Kreditbank AG den Rechnungsbetrag auf das bei ihr geführte Geschäftskonto der Electronic Security GmbH.

Wie bucht die Kreditbank GmbH diese Sachanlage, wenn ausschließlich umsatzsteuerfreie Leistungen erbracht werden?

Lösung:

Nr.	Buchungssätze			Soll EUR	Haben EUR
23					

Aufgabe 24

Im Rahmen der Folgebewertung eines Anlagegutes muss auch eine Entscheidung über die Abschreibungsmethode getroffen werden.

Welche Aussagen über Abschreibungsmethoden sind zutreffend?

① Unter einer Abschreibungsmethode wird die Zeitdauer verstanden, in der ein Vermögensgegenstand technisch genutzt werden kann.

② Handelsrechtlich soll die angewandte Abschreibungsmethode den Werteverzehr des jeweiligen Vermögensgegenstandes widerspiegeln.

③ Steuerrechtlich wird die Abschreibungsmethode durch die maximale technische Nutzbarkeit des Wirtschaftsgutes bestimmt.

④ Die zu wählende Abschreibungsmethode ist von der betriebsgewöhnlichen Nutzungsdauer eines Vermögensgegenstandes abhängig.

⑤ Handelsrechtlich sind die im Steuerrecht anzuwendenden Abschreibungsmethoden ebenfalls verbindlich.

⑥ Im Handelsrecht sind grundsätzlich sämtliche Abschreibungsmethoden anwendbar.

Lösung: _____

Aufgabe 25

Die Einbruchsmelde- und Fernsehüberwachungsanlage hat eine technische Nutzungsdauer von ca. 12 Jahren.

Nach der bisherigen Erfahrung sind derartige Anlagen aber nach etwa sieben Jahren störanfälliger. Die Fehlalarme führen zu überdurchschnittlichen Ausfall- und Wartungskosten. Die Anlage ist deshalb dann zu ersetzen.

Bis zu diesem Zeitpunkt ist mit einer gleichbleibenden Werteminderung zu rechnen.

Erstellen Sie einen Abschreibungsplan für diese Sachanlage!

Lösung:

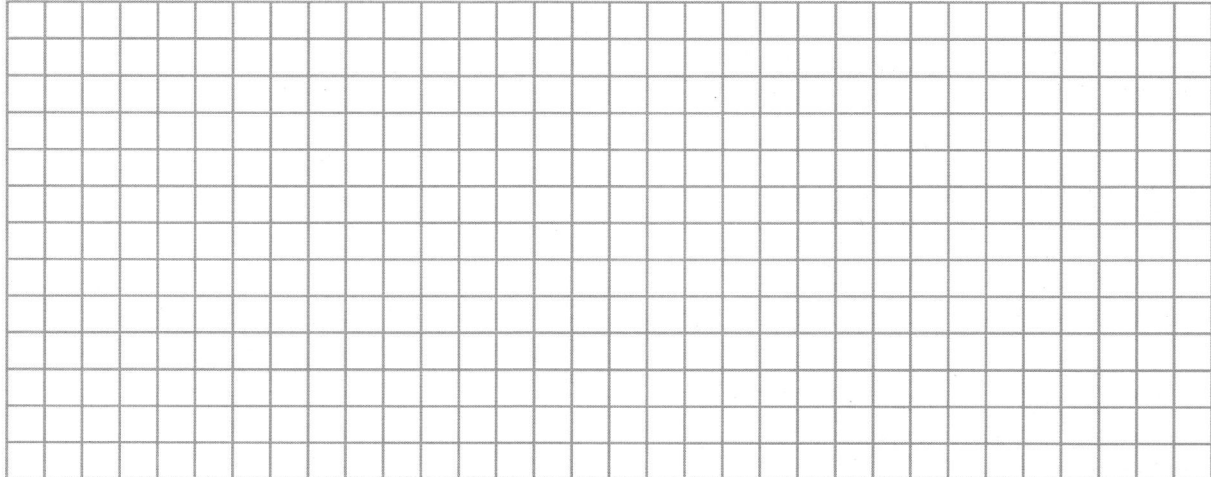

Aufgabe 26

Buchen Sie die Jahresabschreibung des 1. Jahres!

Lösung:

Nr.	Buchungssätze			Soll EUR	Haben EUR
26					

Aufgabenstamm für die Aufgaben 27 bis 34

Die Kreditbank AG kauft im Januar einen Pkw-Kombi zum Listenpreis von 75.000,00 EUR zuzüglich 19 % USt.

Der Lieferant gewährt einen Rabatt von 13 % und 2 % Skonto bei Zahlung innerhalb von 10 Tagen.

Zusätzlich werden 1.345,00 EUR zuzüglich 19 % USt Nebenkosten vom Lieferanten in Rechnung gestellt.

Es herrscht ein Kapitalmarktzinsniveau von 5,5 %.

Der Pkw wird zu einem Viertel für umsatzsteuerpflichtige Leistungen eingesetzt.

Bei den Abschreibungen soll kein Restwert angenommen werden.

Aufgabe 27

Welchen Betrag hat die Kreditbank AG auf das bei ihr geführte Konto des Lieferers zu überweisen, wenn sie das Skonto ausnutzt?

Lösung:

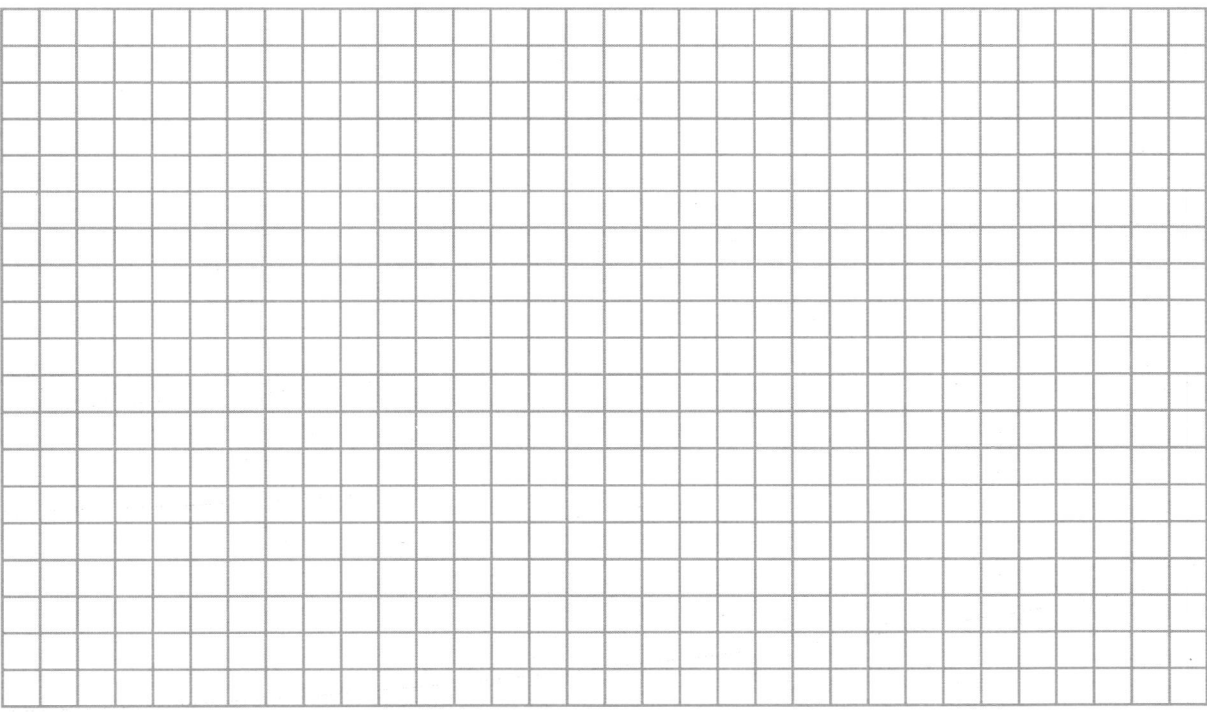

Aufgabe 28

Wie hoch sind die Anschaffungskosten für diesen Pkw?

Runden Sie die Vorsteuer auf volle Cent auf.

Lösung:

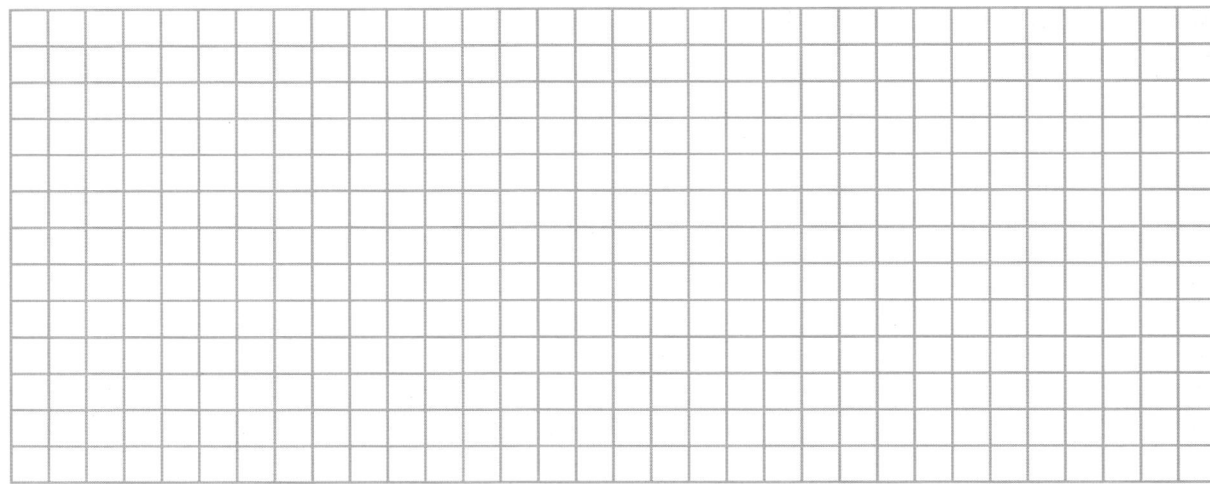

Aufgabe 29

Wie bucht die Kreditbank AG die Überweisung des Rechnungsbetrags auf das Konto des Kunden?

Runden Sie die Vorsteuer auf volle Cent auf.

Lösung:

Nr.	Buchungssätze			Soll EUR	Haben EUR
29					

Aufgabe 30

Betriebswirtschaftlich ist von einem degressiven Nutzenverlauf auszugehen. Der Abschreibungssatz soll 25 % betragen.

Erstellen Sie den Abschreibungsplan für diesen Pkw-Kombi für die ersten drei Jahre.

Wie hoch ist der Buchwert am Beginn des vierten Jahres?

Lösung:

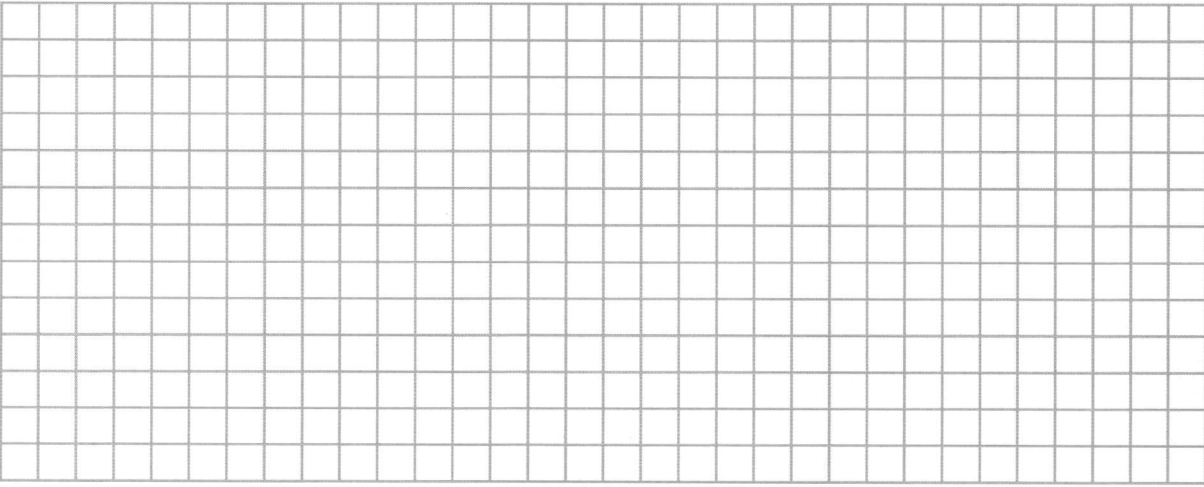

Aufgabe 31

Steuerrechtlich ist der Pkw-Kombi linear in sechs Jahren abzuschreiben.

Erstellen Sie den Abschreibungsplan für diesen Pkw-Kombi.

Wie hoch ist der Buchwert am Beginn des fünften Jahres?

Lösung:

Aufgabe 32

Nach einer neuerlichen Beurteilung der in diesem Falle anzuwendenden Abschreibungsmethode kommt die Unternehmensleitung zu dem Schluss, die geometrisch-degressive Abschreibung mit Wechsel zur linearen Abschreibung zu wählen. Der degressive Abschreibungssatz soll bei 25 % bleiben.

Erstellen Sie den entsprechenden Abschreibungsplan. Welche Jahresabschreibung ergibt sich nach dem Übergang zur linearen Abschreibung?

Lösung:

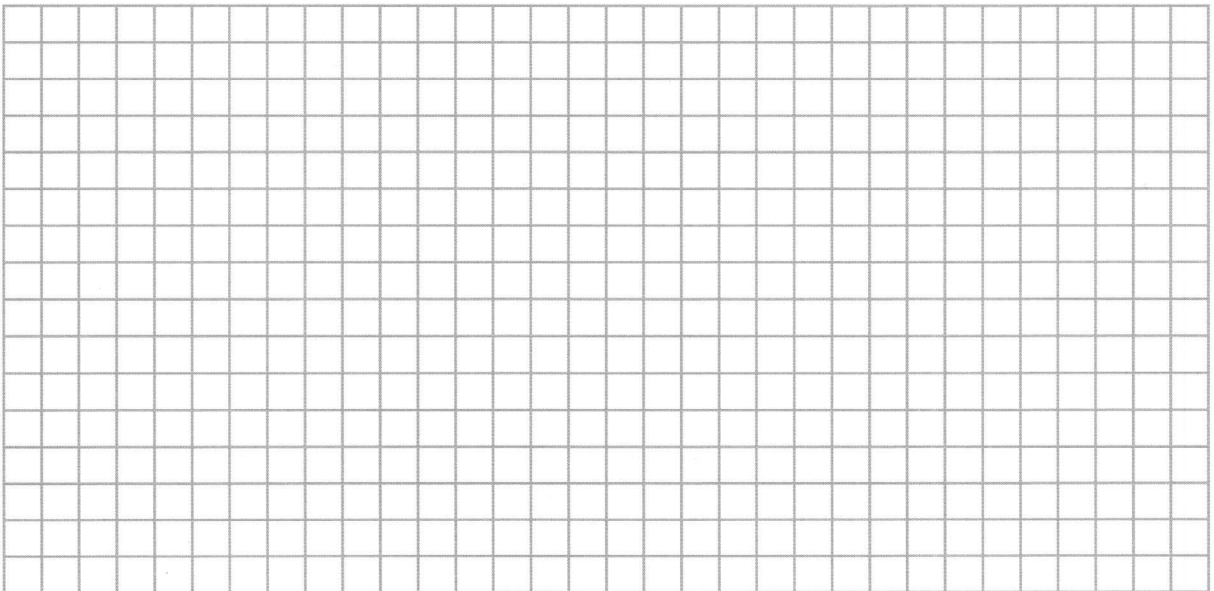

Aufgabe 33

Ihnen liegt der Abschreibungsplan aus Aufgabe 32 vor.

Am Ende des dritten Geschäftsjahres stellen Sie fest, dass wegen eines unentdeckten Unfallschadens dieses Fahrzeug nur noch einen Marktwert von 25.600,00 EUR hat.

Wie hoch ist die erforderliche außerplanmäßige Abschreibung?

Lösung:

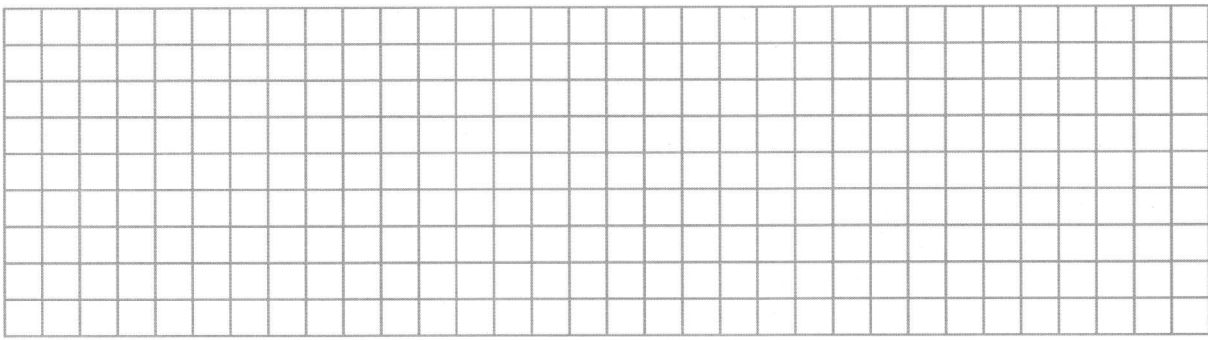

Aufgabe 34

Welcher Betrag ist am Ende des 4. Geschäftsjahres abzuschreiben?

Lösung:

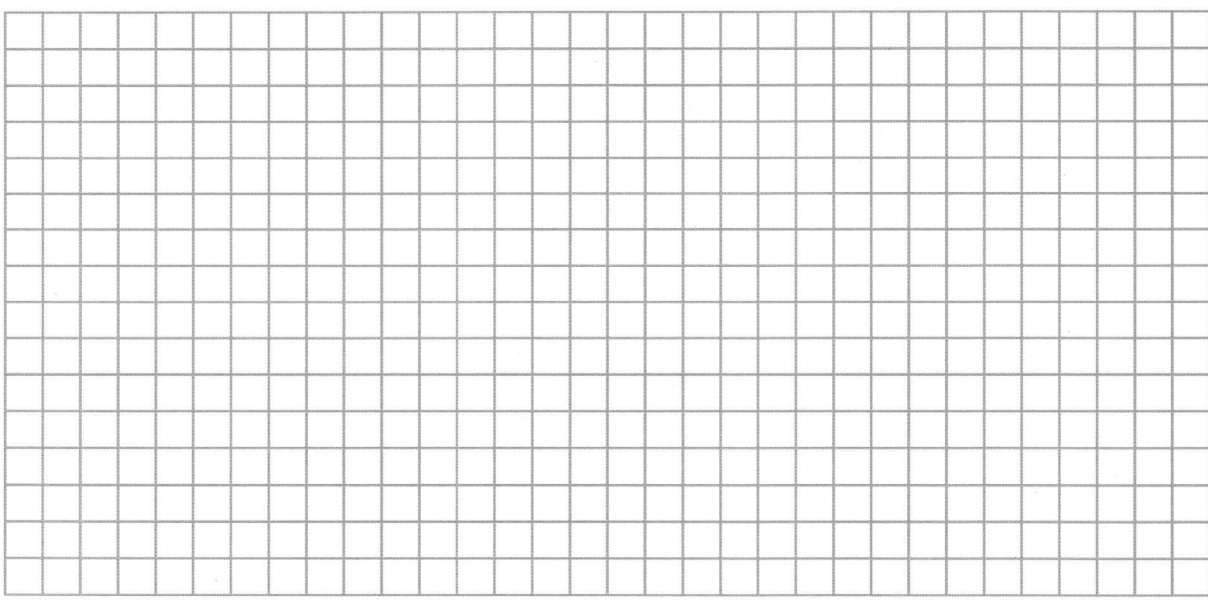

Aufgabenstamm für die Aufgaben 35 bis 40

Die Kreditbank AG erwarb am 20. Juli des Jahres 1 einen Pkw für die Vermögensverwaltung (umsatzsteuerpflichtiger Bereich). Listenpreis 68.700,00 EUR zuzüglich 19 % USt. Mit dem Lieferer wird ein Rabatt von 7 % ausgehandelt. Zahlbar ohne Abzug von Skonto. Zusätzlich stellt der Lieferer 900,00 EUR zuzüglich 19 % USt Nebenkosten in Rechnung.

Aufgabe 35

Welcher Betrag muss dem Lieferer insgesamt bezahlt werden?

Lösung:

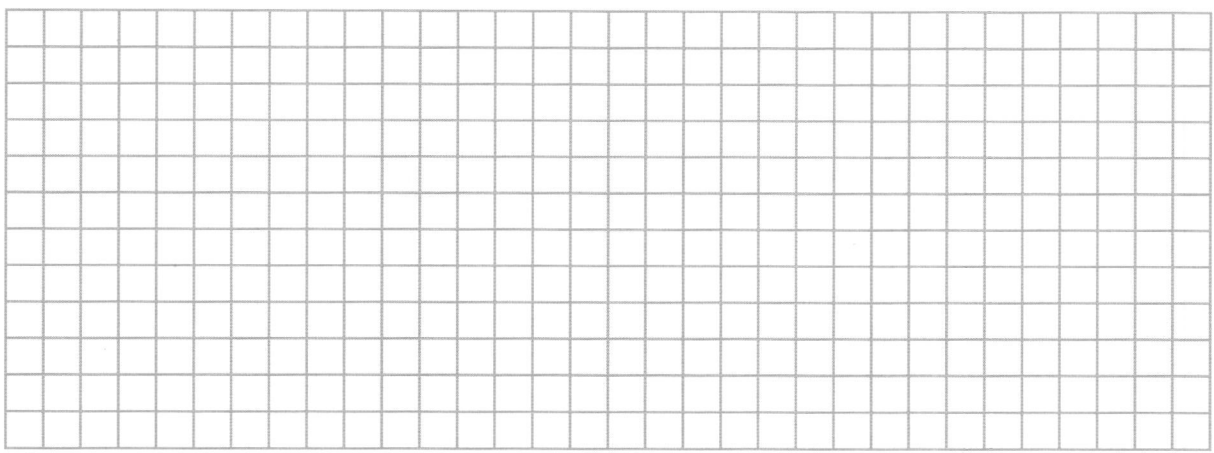

Aufgabe 36

Die Kreditbank AG bezahlt diese Anschaffung durch Überweisung auf das bei ihr geführte Kundenkonto.

Wie bucht die Kreditbank AG diesen Vorgang?

Lösung:

Nr.	Buchungssätze			Soll EUR	Haben EUR
36					

Aufgabe 37

Die betriebsgewöhnliche Nutzungsdauer dieses Pkw wird auf 5 Jahre geschätzt. Der Nutzenverlauf ist linear.

Erstellen Sie den Abschreibungsplan!

Wie viel EUR sind am Ende des ersten Geschäftsjahres abzuschreiben?

Lösung:

© MERKUR VERLAG RINTELN – Schuster

6 Schuster - ISBN 978-3-8120-1194-5

Aufgabe 38

Im Oktober des Jahres 4 verkauft die Kreditbank AG diesen Pkw für 25.000,00 EUR zuzüglich 19 % USt an einen Unternehmer. Bei der Übergabe des Fahrzeuges wird der Kaufpreis auf dessen Konto-korrentkonto bei der Kreditbank AG belastet.

Ermitteln Sie den Buchwert des Pkw im Zeitpunkt des Verkaufs! (Gehen Sie von monatlicher Abschreibung aus.)

Lösung:

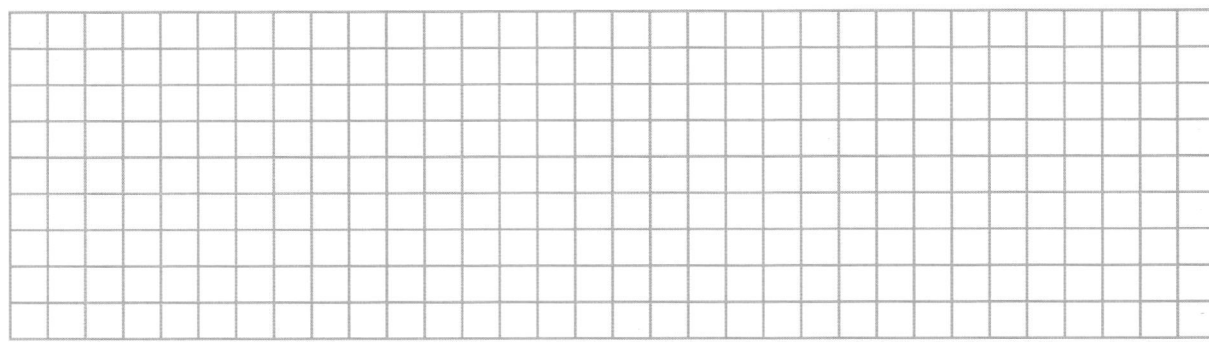

Aufgabe 39

Ermitteln Sie die Höhe des Ertrags in EUR, den die Kreditbank AG durch den Verkauf dieses Pkw erzielt!

Lösung:

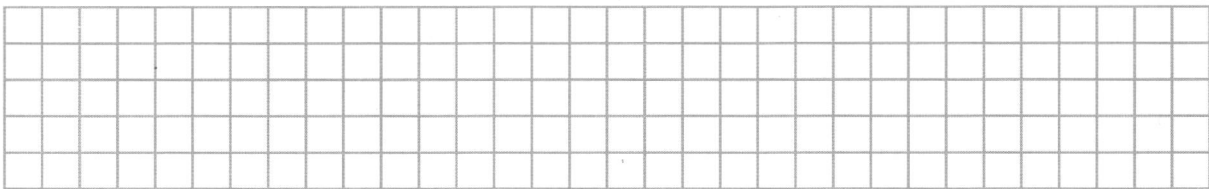

Aufgabe 40

Wie bucht die Kreditbank AG den Verkauf des gebrauchten Pkw?

Ein Ertrag soll in einem eigenständigen Buchungssatz gebucht werden.

Lösung:

Nr.	Buchungssätze			Soll EUR	Haben EUR
40					

© MERKUR VERLAG RINTELN – Schuster

Aufgabenstamm für die Aufgaben 41 bis 45

Die Kreditbank AG verwendet die USB-Sticks im umsatzsteuerfreien und die Spiegelreflexkameras im umsatzsteuerpflichtigen Bereich.

Die Kreditbank AG wendet im Rahmen der gesetzlichen Möglichkeiten das Sammelpostenverfahren an.

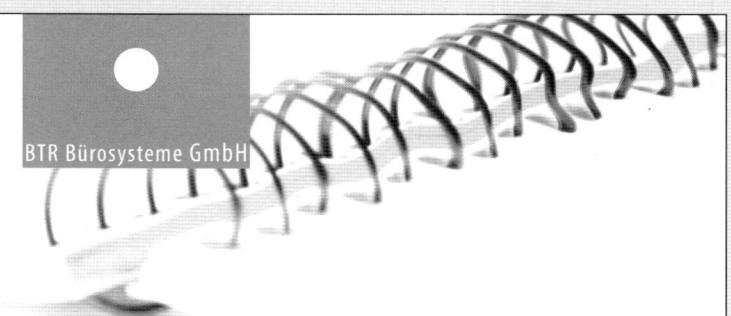

BTR Bürosysteme GmbH · Postfach 22 30 · 35394 Gießen

Kreditbank AG
Hauptstraße 18
35394 Gießen

Kunden-Nr.	50586
Rechnungs-Nr.:	332200
Rechnungsdatum:	17. März 20..

Rechnung

Artikel-Nr.	Bezeichnung	Menge	Mengeneinheit	Preis EUR	Preiseinheit	Rabatt	Betrag	Skonto
14873	USB 2.0 Flash Drive	10	Stück	25,00	1		250,00	
32847	Digitale Spiegelreflex-kamera	2	Stück	996,10	1		1.992,20	
				Auftragssumme			2.242,20	
				USt 19 %			426,00	
				Rechnungsbetrag			**2.668,20**	

Fällig: **27. März 20..**

Zahlbar innerhalb von 10 Tagen nach Rechnungsdatum ohne Abzug.

Unsere Lieferungen erfolgen nach den Ihnen bekannten Allgemeinen Geschäftsbedingungen.
Gerichtsstand: Gießen

Am unteren Rain 12
35394 Gießen	Telefon 0641 93400
Fax 0641 934110
www.btr-bürosysteme.de
btr@web.de	Geschäftsführer:
Christoph Mann
Ingrid Weber	Bankverbindung:
Volksbank Mittelhessen eG
BLZ 513 900 00
Konto 21 34 65 89
IBAN DE0251390000021346589	Amtsgericht Gießen
HRB 1000
USt-Id-Nr.: DE 11444879
ILN 20 22 999 0000 2

Aufgabe 41

Wie viel EUR kann die Kreditbank AG als Vorsteuer geltend machen?

Lösung:

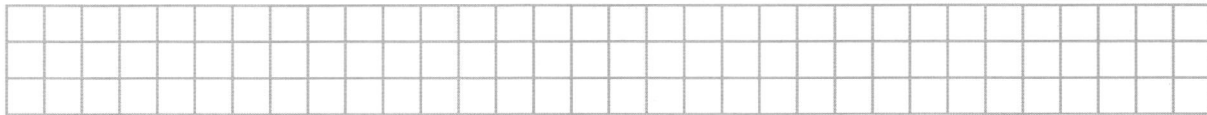

Aufgabe 42

Bilden Sie den Buchungssatz für den Kauf der USB-Sticks im Grundbuch!

Lösung:

Nr.	Buchungssätze			Soll EUR	Haben EUR
42					

Aufgabe 43

Bilden Sie den Buchungssatz für den Kauf der Spiegelreflexkameras im Grundbuch!

Lösung:

Nr.	Buchungssätze			Soll EUR	Haben EUR
43					

Aufgabe 44

Wie viel EUR sind bei diesen Anschaffungen insgesamt am Ende des ersten Geschäftsjahres abzuschreiben?

Lösung:

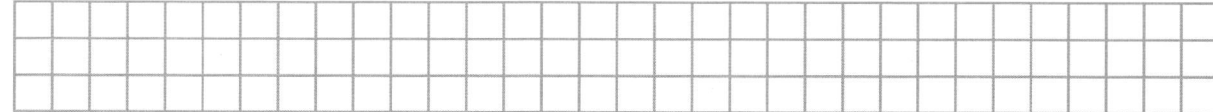

Aufgabe 45

Buchen Sie die Abschreibung zu Aufgabe 44 zum Ende des ersten Geschäftsjahres!

Lösung:

Nr.	Buchungssätze			Soll EUR	Haben EUR
45					

Aufgabenstamm für die Aufgaben 46 bis 50

Die Kreditbank AG hat im Geschäftsjahr 01 u. a. die folgenden Wirtschaftsgüter, die für umsatz-steuerfreie Bankgeschäfte eingesetzt werden, angeschafft: USt 19 %.

Nr.	Wirtschaftsgut	Datum	Bruttobetrag
1	Hängeregisterschrank	15.01.	445,00 EUR
2	Banknotenzähler	17.02.	899,00 EUR
3	Geldwaage	20.07.	175,00 EUR
4	Rollcontainer	19.09.	199,00 EUR
5	Stahlschrank mit Schließfach	11.11.	1.189,00 EUR

Aufgabe 46

Ermitteln Sie die Umsatzsteuer und die Nettobeträge dieser Wirtschaftsgüter!

Wie viel EUR Umsatzsteuer sind insgesamt für diese Anschaffungen angefallen?

Lösung:

Nr.	Wirtschaftsgut	Datum	Bruttobetrag	19 % USt	Nettobetrag
1	Hängeregisterschrank	15.01.	445,00 EUR		
2	Banknotenzähler	17.02.	899,00 EUR		
3	Geldwaage	20.07.	175,00 EUR		
4	Rollcontainer	19.09.	199,00 EUR		
5	Stahlschrank mit Schließfach	11.11.	1.189,00 EUR		
	Summen				

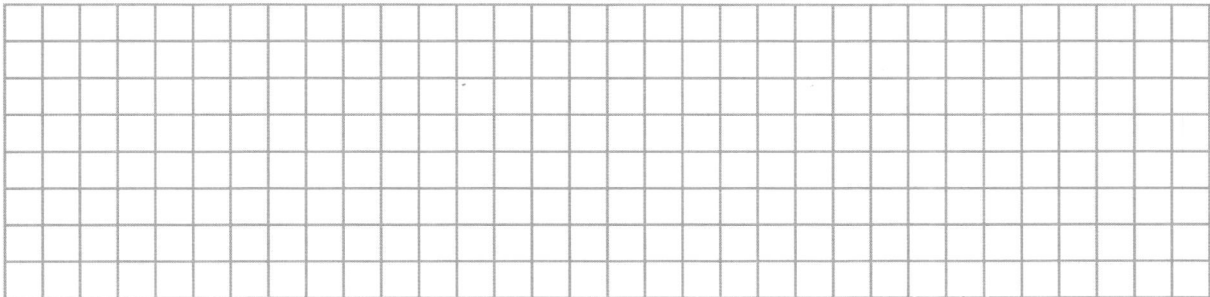

Aufgabe 47

Die Kreditbank AG wendet bei der steuerlichen Bewertung der geringwertigen Wirtschaftsgüter das Sammelpostenverfahren (§ 6 II a EStG) an.

Wie viel EUR kann diese Bank im Jahr der Anschaffung sofort als Aufwand buchen?

Lösung:

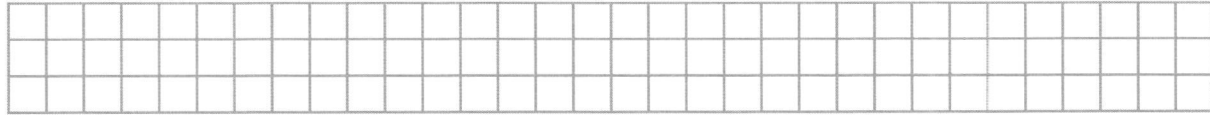

Aufgabe 48

Wie ist der Sammelposten des laufenden Geschäftsjahres im Grundbuch zu buchen?

Lösung:

Nr.	Buchungssätze			Soll EUR	Haben EUR
48					

Aufgabe 49

Nach drei Jahren verkauft die Kreditbank AG den Stahlschrank mit Schließfach an einen Privatkunden für 400,00 EUR. Das Konto des Käufers wird gleichzeitig belastet.

Wie bucht die Kreditbank AG diesen Geschäftsfall im Grundbuch?

Lösung:

Nr.	Buchungssätze			Soll EUR	Haben EUR
49					

Aufgabe 50

Welchen Betrag hätte die Kreditbank AG im Jahr der Anschaffung sofort als Aufwand buchen können, wenn sie die geringwertigen Wirtschaftsgüter nach dem Verfahren des § 6 II EStG bewertet hätte?

Lösung:

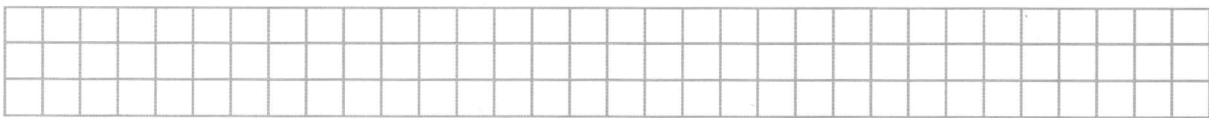

Aufgabe 51

Die Kreditbank AG hat im abgelaufenen Geschäftsjahr u. a. das nachfolgende Anlagevermögen erworben.

Bei welchen dieser Anlagen ist die Nutzung zeitlich begrenzt?

① Kauf eines Baugrundstücks für eine neue Filiale.

② Kauf eines neuen Kontoauszugdruckers für diese Filiale.

③ Kauf eines AKT für diese Filiale.

④ Kauf von drei Beratungseinheiten für diese Filiale.

⑤ Kauf einer 10 %igen Beteiligung an einer Bausparkasse

Lösung: _____

9 Forderungen gegenüber Kunden

s. Lehrbuch, Kap. 8.5

Aufgabe 1

Nach ihrer Bonität lassen sich Forderungen in drei Gruppen unterscheiden.

Tragen sie eine

1 ein, wenn es sich um eine einwandfreie Forderung, eine

2 wenn es sich um eine zweifelhafte Forderung, eine

3 wenn es sich um uneinbringliche Forderung handelt.

a) Kontokorrent-Forderungen an Kunden M. über 23.700,00 EUR. Kreditlimit 20.000,00 EUR. Die durch Mantelzession abgetretenen Forderungen über insgesamt 22.000,00 EUR sind überfällig.

b) Darlehensforderung über 50.000,00 EUR an Kunden O. Sicherung durch Grundschuld im erststelligen Beleihungsrahmen. Die fällige Tilgungsrate für den vergangenen Monat wurde noch nicht bezahlt.

c) Der Kontokorrentkredit an die Kundin L. über 100.000,00 EUR ist mit 110.000,00 EUR beansprucht. Es wird kaum noch Umsatz auf dem Konto festgestellt. Mehrere von der Kundin eingereichte SEPA-Basislastschriften wurden von den Zahlungspflichtigen nicht eingelöst. Der Kredit ist durch eine Bürgschaft des arbeitslos gewordenen Ehemannes der Kundin besichert.

d) Kontokorrent-Forderungen an den Kunden Y. über 15.000,00 EUR. Der Kred t wurde blanko ausgereicht. Der Kunde ist nach unbekannt verzogen. Vollstreckungen konnten seit einem Jahr nicht zugestellt werden.

Lösung: _____

Aufgabe 2

Die Kreditbank AG hat an den Kunden K. L. eine ungesicherte Forderung von 15.600,00 EUR. Plötzlich und unerwartet ist der Kunde nicht mehr auffindbar. Vermögen kann nicht gefunden werden.

Wie ist diese Forderung am Bilanzstichtag zu buchen?

Lösung:

Nr.	Buchungssätze		Soll EUR	Haben EUR
2				

Aufgabe 3

Im übernächsten Jahr wird der Kreditbank AG zugunsten des Kunden K. L. von einem Unbekannten auf das laufende Konto der Bank bei der Deutschen Bundesbank ein Betrag von 1.500,00 EUR überwiesen.

Wie ist der Eingang von der Kreditbank AG zu buchen?

Lösung:

Nr.	Buchungssätze		Soll EUR	Haben EUR
3				

Aufgabe 4

Im vergangenen Geschäftsjahr hat die Kreditbank AG auf die Forderung an ihren Kunden K. L. von 21.000,00 EUR eine Einzelwertberichtigung von 11.000,00 EUR gebildet.

Jetzt geht die Abschlusszahlung aus einem Vergleichsverfahren mit diesem Kunden in Höhe von 8.000,00 EUR auf dem laufenden Konto bei der Bundesbank ein. Mit weiteren Zahlungen ist nicht zu rechnen!

Welche Buchungen fallen bei der Kreditbank AG an?

Lösung:

Nr.	Buchungssätze			Soll EUR	Haben EUR
4					

Aufgabe 5

Eine unbesicherte Kontokorrent-Forderung der Kreditbank AG gegen die Intra GmbH über 85.000,00 EUR fällt aus. Das Insolvenzverfahren über das Vermögen dieser Gesellschaft wurde mangels Masse eingestellt. Die Geschäftsverbindung war erst im Januar dieses Jahres aufgenommen worden.

Wie ist am Bilanzstichtag zu buchen?

Lösung:

Nr.	Buchungssätze			Soll EUR	Haben EUR
5					

Aufgabenstamm für die Aufgaben 6 bis 11

Die Kreditbank AG hatte am Anfang dieses Geschäftsjahres folgende Anfangsbestände:

Einzelwertberichtigungen auf Forderungen	3.240 TEUR
Pauschalwertberichtigungen auf Forderungen	180 TEUR

Im Juli dieses Geschäftsjahres wurde eine Forderung über 160 TEUR, für die im vergangenen Geschäftsjahr eine Einzelwertberichtigung in Höhe von 75 % gebildet wurde, uneinbringlich und sofort ausgebucht.

Am Ende dieses Geschäftsjahres wurde folgender Inventurwert ermittelt:

Forderungen an Kunden	41.370 TEUR

Eine Beurteilung dieser Forderungen ergab, dass als

● uneinbringlich anzusehen sind	540 TEUR
● zweifelhaft anzusehen sind	8.300 TEUR
● sicher anzusehen sind	2.250 TEUR

Auf die als zweifelhaft anzusehenden Forderungen sind Einzelwertberichtigungen von 60 v. H. zu bilden.

Aufgabe 6

Wie bucht die Kreditbank AG die im Juli uneinbringlich gewordene Forderung?

Lösung:

Nr.	Buchungssätze			Soll EUR	Haben EUR
6					

Aufgabe 7

Ermitteln Sie den Zuführungsbedarf an Einzelwertberichtungen auf Forderungen!

Lösung:

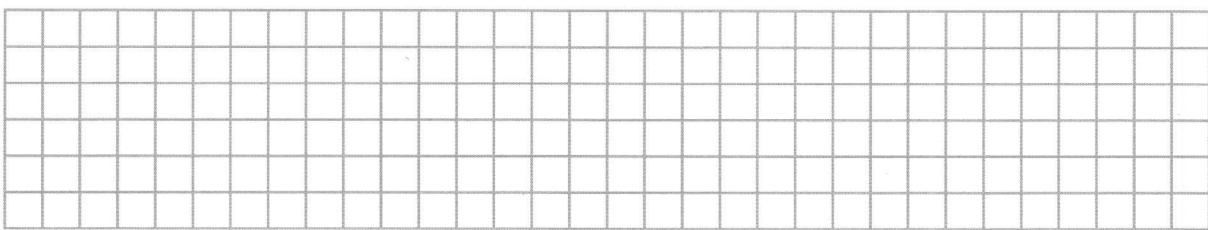

Aufgabe 8

Wie ist am Bilanzstichtag die Zuführung zu den Einzelwertberichtigungen zu buchen?

Lösung:

Nr.	Buchungssätze			Soll EUR	Haben EUR
8					

Aufgabe 9

Ermitteln Sie den Zuführungsbedarf zu den unversteuerten Pauschalwertberichtigungen auf Forderungen, wenn eine Ausfallquote von 0,7 % ermittelt wurde!

Lösung:

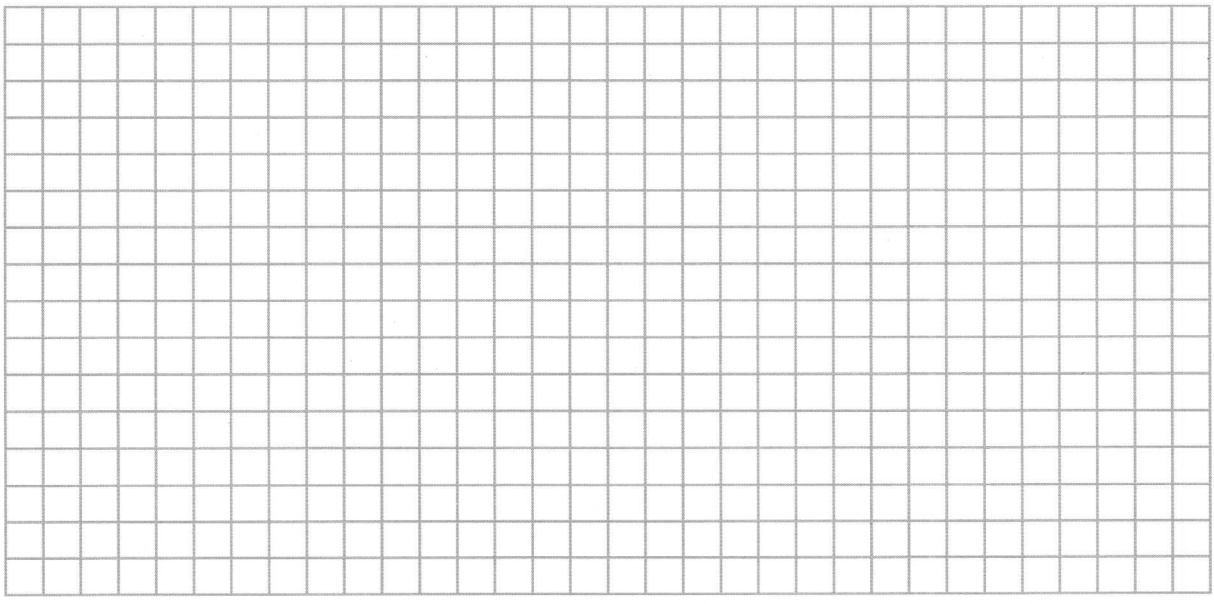

7 Schuster - ISBN 978-3-8120-1194-5

Aufgabe 10

Wie ist die Zuführung zu den unversteuerten Pauschalwertberichtigungen am Bilanzstichtag zu buchen?

Lösung:

Nr.	Buchungssätze			Soll EUR	Haben EUR
10					

Aufgabe 11

Mit welchem Betrag sind die Forderungen an Kunden in der Schlussbilanz auszuweisen?

Lösung:

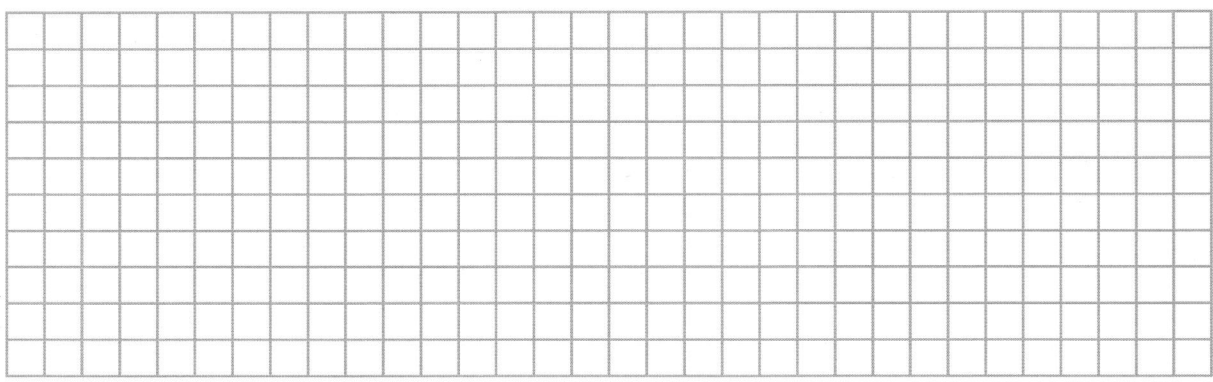

Aufgabenstamm für die Aufgaben 12 bis 17

Die Kreditbank AG hatte am Anfang dieses Geschäftsjahres folgende Anfangsbestände:

Einzelwertberichtigungen auf Forderungen   4.150.000,00 EUR
Pauschalwertberichtigungen auf Forderungen   225.000,00 EUR

Am Ende dieses Geschäftsjahres wurde folgender Inventurwert ermittelt:

Forderungen an Kunden   63.220.000,00 EUR

Darin sind folgende Forderungen:

Kreditnehmer	Forderung	Anmerkungen/Beurteilungen
Electronic Weis GmbH	250.000,00 EUR	Auf diese Kontokorrent-Forderung wurde im vergangenen Geschäftsjahr eine Einzelwertberichtigung in Höhe von 50 % gebildet. Jetzt ist die Forderung als uneinbringlich anzusehen.
Stadt München	2.350.000,00 EUR	Zweckdarlehen zur Verbesserung der Stadt München.
Städtische Wasserwerke München	520.000,00 EUR	Es handelt sich um einen Eigenbetrieb der Stadt München.
Verschiedene nicht öffentlich-rechtliche Kreditnehmer	8.760.000,00 EUR	Diese Forderungen sind zweifelhaft. Die Bewertung der einzelnen Ausfallrisiken ergab einen wahrscheinlichen Ausfall von durchschnittlich 40 %.

Auf die übrigen, wahrscheinlich zweifelsfreien Forderungen, ist eine Pauschalwertberichtigung in Höhe von 0,5 % des Forderungsbestandes zu bilden.

Aufgabe 12

Wie ist im Falle der Electronic Weis GmbH bei der Ausbuchung des Kredits zu buchen?

Lösung:

Nr.	Buchungssätze			Soll EUR	Haben EUR
12					

Aufgabe 13

Wie hoch ist der Bedarf an Einzelwertberichtigungen auf Forderungen in diesem Geschäftsjahr?

Lösung:

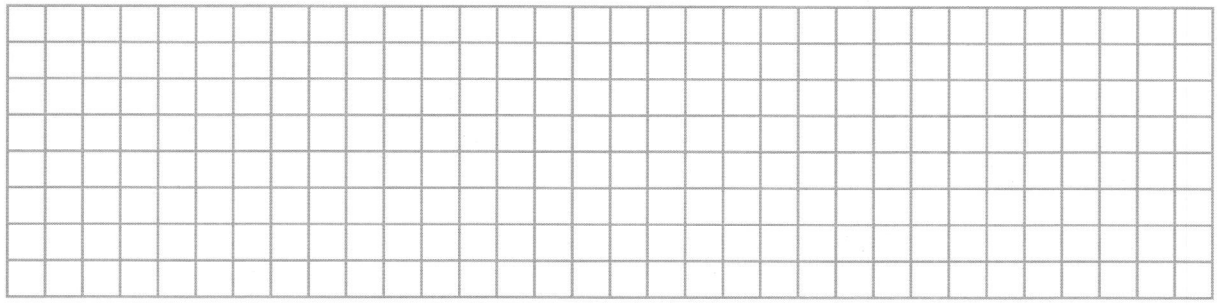

Aufgabe 14

Wie ist das Ergebnis von Aufgabe 13 zu buchen?

Lösung:

Nr.	Buchungssätze			Soll EUR	Haben EUR
14					

Aufgabe 15

Berechnen Sie die Höhe des Ausfallrisikos für die übrigen Forderungen in EUR?

Lösung:

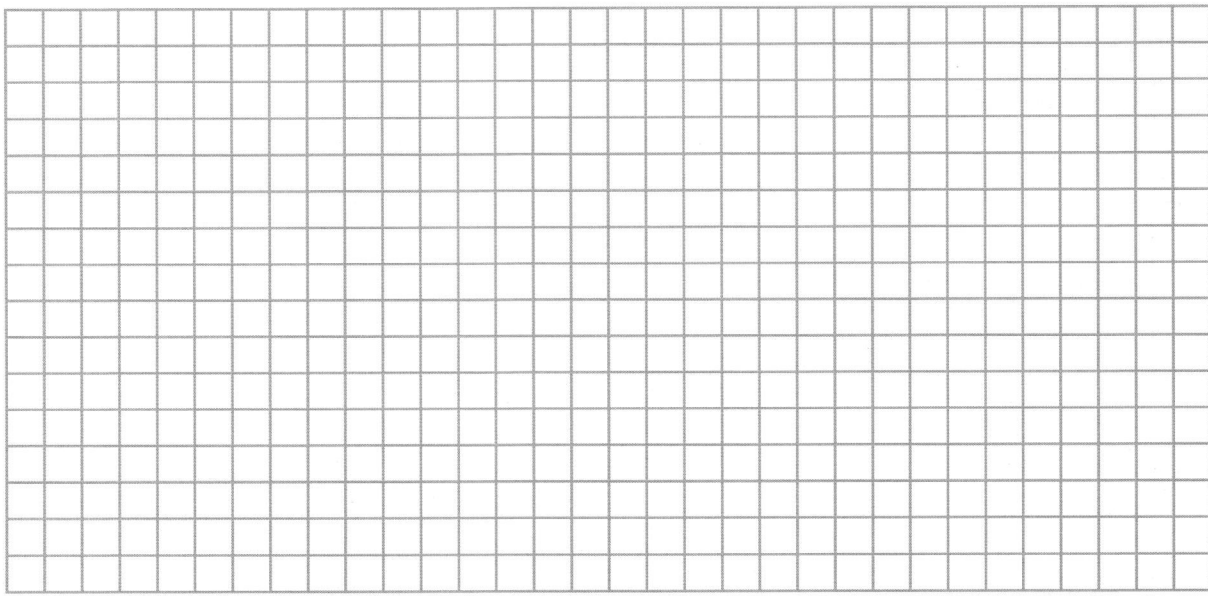

Aufgabe 16

Wie ist die Zuführung zu den (unversteuerten) Pauschalwertberichtigungen zu buchen?

Lösung:

Nr.	Buchungssätze			Soll EUR	Haben EUR
16					

Aufgabe 17

Unter den Forderungen an nicht-öffentliche Kreditnehmer befindet sich eine Kontokorrentforderung an die Schröder & Neumann GmbH & Co. KG. Dieses Konto wies am 31. Dez. vor der Bewertung einen Debitsaldo von 22.900,00 EUR auf.

Der Kunde fragt am 2. Jan. des Folgejahres seinen Kontostand ab.

Wie hoch ist der Kontostand, wenn keine anderen Vorgänge vorliegen?

Lösung:

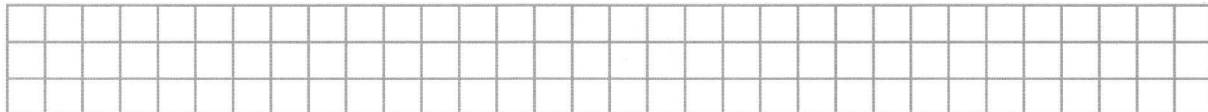

Aufgabenstamm für die Aufgaben 18 bis 23

Sie sollen unter Verwendung des folgenden Berechnungsschemas den maximalen Zuführungs-bedarf zu den unversteuerten Pauschalwertberichtigungen der Kreditbank AG für das abgelau-fene Geschäftsjahr ermitteln.

Runden Sie auf drei Dezimalstellen kaufmännisch.

1. Ermittlung des Pauschalwertberichtigungssatzes

Maßgeblicher Forderungsausfall	(6) 31.12.2007 TEUR	(5) 31.12.2008 TEUR	(4) 31.12.2009 TEUR	(3) 31.12.2010 TEUR	(2) 31.12.2011 TEUR	(1) 31.12.2012 TEUR
Direktabschreibungen auf Forderungen	28,00	30,00	32,00	35,00	34,00	38,00
+ Verbrauch an EWB	112,00	318,00	228,00	112,00	90,00	110,00
− Eingänge auf abgeschr. Ford.	4,00	8,00	3,00	10,00	7,60	9,00
= tatsächlicher Forderungsausfall	136,00	340,00	257,00	137,00	116,40	139,00

Durchschnittlicher Forderungsausfall ☐

− 40 % Abschlag; höchstens Betrag der EWB am Bilanzstichtag ☐

= maßgeblicher Forderungsausfall ☐

Risikobehaftetes Kreditvolumen Forderungen an/aus	(6) 31.12.2007 TEUR	(5) 31.12.2008 TEUR	(4) 31.12.2009 TEUR	(3) 31.12.2010 TEUR	(2) 31.12.2011 TEUR	(1) 31.12.2012 TEUR
Kunden (§ 15 RechKredV)	8 355,00	8 724,00	9 005,00	9 158,00	9 206,00	9 004,00
− öffentl.-rechtl. Körperschaften	970,00	1 010,00	920,00	930,00	980,00	914,00
− ausl. Staaten, Gebietskörperschaften, sonstige ausl. Körperschaften und Anstalten des öffentlichen Rechts im OECD-Bereich						
− Forderungen durch öffentliche Hand verbürgt						
− durch KI delkredereversicherte Forderungen	80,00	84,00	91,00	88,00	94,00	77,00
− Vor- und Zwischenfinanzierungen von Bauspardarlehen in Höhe der bestehenden Bausparguthaben						
= risikobehaftetes Kreditvolumen	7 305,00	7 630,00	7 994,00	8 140,00	8 132,00	8 013,00

Durchschnittliches risikobehaftetes Kreditvolumen ☐

Pauschalwertberichtigungssatz in % ☐

2. Ermittlung der Pauschalwertberichtigungen zum Bilanzstichtag (in TEUR)

Risikobehaftetes Kreditvolumen zum Bilanzstichtag ☐

− Gesamtbetrag der einzelwertberichtigten Forderungen zum Bilanzstichtag   2 150,00

= verbleibendes risikobehaftetes Kreditvolumen zum Bilanzstichtag ☐

davon v. H. ☐

Pauschalwertberichtigung ☐

Bestand aus dem Vorjahr   65,5139

Zuführungsbedarf ☐

Aufgabe 18

Wie hoch ist der durchschnittliche Forderungsausfall in TEUR? Auf **drei** Dezimalstellen runden.

Lösung:

□□□,□□□ TEUR

Aufgabe 19

Wie hoch ist der maßgebliche Forderungsausfall in TEUR? Auf **drei** Dezimalstellen runden.

Lösung:

□□□,□□□ TEUR

Aufgabe 20

Wie hoch ist das durchschnittliche risikobehaftete Kreditvolumen in TEUR?

Lösung:

□.□□□,□□ TEUR

Aufgabe 21

Wie hoch ist der Pauschalwertberichtigungssatz in v. H.? Auf **drei** Dezimalstellen runden.

Lösung:

□,□□□ %

Aufgabe 22

Wie hoch ist die zu bildende Pauschalwertberichtigung in TEUR? Auf **vier** Dezimalstellen runden.

Lösung:

$$\boxed{}\boxed{},\boxed{}\boxed{}\boxed{}\boxed{}\,\text{TEUR}$$

Aufgabe 23

Wie lautet der Buchungssatz für die Zuführung zu den unversteuerten Pauschalwertberichtigungen?

Lösung:

Buchungssätze			Soll TEUR	Haben TEUR

10 *Eigene Wertpapiere*

s. Lehrbuch, Kap. 8.6

Aufgabe 1

Die Kreditbank AG kauft Wertpapiere aus unterschiedlichen Gründen. Welcher Gruppe wären diese Wertpapiere jeweils im Rechnungswesen zuzuordnen?

Tragen Sie in das Lösungskästchen

eine **1** ein, wenn es sich um Wertpapiere des Anlagebestandes,

eine **2**, wenn es sich um Wertpapiere des Handelsbestandes,

eine **3**, wenn es sich um Wertpapiere der Liquiditätsreserve handelt.

Tragen Sie eine **4** ein, wenn keine der vorgenannten Gruppen zutrifft.

1. Die Kreditbank AG kauft für 5 Mio. EUR Anleihen der Industrie AG, um die Zinsstruktur zu verbessern und kurzfristigen Kapitalbedarf decken zu können.

2. Der Vorstand der Kreditbank AG beschließt 3 % des Aktienkapitals der IT-Service AG zu erwerben. Dadurch soll das Mitspracherecht an diesem Gemeinschaftsunternehmen mehrerer Finanzdienstleistungsinstitute gesichert werden.

3. Die Kreditbank AG kauft im Rahmen der Vermögensverwaltung für einen Kunden Aktien im Wert von 145.000,00 EUR.

4. Die Kreditbank AG kauft für 3 Mio. EUR öffentliche Anleihen, um langfristige Termineinlagen von Kunden fristenkongruent abzusichern.

5. Die Kreditbank AG übernimmt von der Industrie AG neu emittierte Aktien. Diese sollen unter Ausschluss des gesetzlichen Bezugsrechts der Altaktionäre je nach Marktlage platziert werden.

Aufgabenstamm für die Aufgaben 2 bis 7

Die Kreditbank AG hat folgende Aktien der XY AG als Anlagebestand:

Skontro XY AG											
Schluss-tag	Kurs/ Preis EUR	DEK	Stück			Kurswert		Saldo Bestand EUR	Kurs-gewinn EUR	Kurs-verlust EUR	Saldo EUR
			Zugang	Abgang	Bestand	Soll EUR	Haben EUR				
AB		240,000			2 200			528 000,00			
13.01.	237,00	238,435	2 400		4 600	568.800,00	0,00	1 096 800,00	0,00	0,00	0,00

Aufgabe 2

Am 22.03. kauft die Kreditbank AG weitere 2 000 XY Aktien zum Kurs von 237,00 EUR/Stück, Gesamtwert 474.000,00 EUR. Transaktionskosten 500,00 EUR. Verrechnung über Bbk.

Wie ist dieser Kauf zu buchen? Das Konto Eigene Wertpapiere wird als reines Bestandskonto geführt. Die Transaktionskosten sollen direkt als Aufwand erfasst werden.

Lösung:

Nr.	Buchungssätze			Soll EUR	Haben EUR
2					

Aufgabe 3

Erfassen Sie den Kauf zu Aufgabe 2 auf dem Skontro der XY-Aktien und ermitteln Sie den durchschnittlichen Anschaffungswert dieser Aktien!

Skontro XY AG											
Schluss-tag	Kurs/ Preis EUR	DEK	Stück			Kurswert		Saldo Bestand EUR	Kurs-gewinn EUR	Kurs-verlust EUR	Saldo EUR
			Zugang	Abgang	Bestand	Soll EUR	Haben EUR				
AB		240,000			2 200			528 000,00			
13.01.	237,00	238,435	2 400		4 600	568.800,00	0,00	1 096 800,00	0,00	0,00	0,00

Lösung:

Durchschnittlicher Anschaffungswert der Aktien: ☐☐☐,☐☐ EUR

Aufgabe 4

Am 03.10. des Jahres verkauft die Kreditbank AG 2 450 Aktien zum Kurs von 242,00 EUR an ein befreundetes Kreditinstitut. Keine Kosten.

Weitere Transaktionen für diesen Anlagebestand fanden in diesem Geschäftsjahr nicht statt.

Tragen Sie den Verkauf in das Skontro (siehe Aufgabe 3) ein.

© MERKUR VERLAG RINTELN – Schuster

Skontro XY AG											
Schluss-tag	Kurs/ Preis EUR	DEK	Stück			Kurswert		Saldo Bestand EUR	Kurs-gewinn EUR	Kurs-verlust EUR	Saldo EUR
			Zugang	Abgang	Bestand	Soll EUR	Haben EUR				
AB		240,000			2200			528000,00			
13.01.	237,00	238,435	2400		4600	568.800,00	0,00	1096800,00	0,00	0,00	0,00
22.03.	237,00	238,000	2000		6600	474000,00	0,00	1570800,00	0,00	0,00	0,00
03.10.											

Wie hoch war der Erfolg aus diesem Verkauf?

Tragen Sie vor den Betrag eine **1** ein, wenn ein realisierter Kursgewinn, eine **2** wenn ein realisierter Kursverlust entstanden ist.

Lösung: ☐ / Betrag ☐☐.☐☐☐,☐☐ EUR

Aufgabe 5

Wie ist dieser Verkauf zu buchen? Beachten Sie, dass das Konto Eigene Wertpapiere als reines Bestandskonto geführt wird.

Lösung:

Nr.	Buchungssätze			Soll EUR	Haben EUR
5					

Aufgabe 6

Am Bilanzstichtag haben die Aktien der XY-AG einen Börsenkurs von 236,00 EUR pro Stück. Der Kurs dieser Aktien erholt sich bis zum Zeitpunkt der Bilanzerstellung auf 239,00 EUR pro Stück.

Welche Aussage über die Bewertung dieser Wertpapiere beim Jahresabschluss ist nach dem HGB richtig?

1. Es können alle Kurse von 235,00 EUR bis 239,00 EUR gewählt werden.
2. Der Kurs am Bilanzstichtag von 236,00 EUR ist zwingend anzusetzen.
3. Da keine dauernde Wertminderung vorliegt, sind die durchschnittlichen Anschaffungskosten von 238,00 EUR anzusetzen.
4. Es besteht ein Wahlrecht zwischen dem durchschnittlichen Anschaffungspreis und dem Kurs im Zeitpunkt der Bilanzerstellung.
5. Es besteht ein Wahlrecht zwischen dem Kurs am Bilanzstichtag und den durchschnittlichen Anschaffungskosten.

Lösung: _____

Aufgabe 7

Angenommen, der Kurs des Bilanzstichtages bliebe auch im Zeitraum der Bilanzerstellung unverändert.

Wie ist in diesem Falle zu buchen?

Lösung:

Nr.	Buchungssätze			Soll EUR	Haben EUR
7					

Aufgabenstamm für die Aufgaben 8 bis 13

Die Kreditbank AG hat das folgende Wertpapier ihrem Anlagebestand zugeordnet:

**Skontro 3 % Anleihe der Metallwerke AG, Zinstermin 15.09. gzj.;
Gesamtfälligkeit 15.09.2015 zu pari**

Zinssatz: 3 %   Letzter Tag des Vorjahres: 31.12.2012
Fälligkeit: 15.09.2013   Bilanzstichstag: 31.12.2013

Datum	Kauf = K Verkauf = V	Nennwert	Kurs in v.H.	Bestand nominal	DEK in v.H.	Umsatz	Wert des Bestandes
15.02.	K	3.500.000,00	104,00	3.500.000,00	104,00	3.640.000,00	3.640.000,00
15.03.	K	1.500.000,00	105,00	5.000.000,00		1.575.000,00	5.215.000,00
06.10.	V	2.000.000,00	106,00	3.000.000,00			

Aufgabe 8

Wie hoch ist der Durchschnittserwerbskurs dieser Anleihe nach dem Kauf am 15.03.?

Lösung: ☐☐☐,☐☐ EUR

Aufgabe 9

In diesem Geschäftsjahr hat sich der Bestand an diesen Anleihen nicht mehr verändert.

Ermitteln Sie den realisierten Kursgewinn in EUR?

Lösung: ☐☐.☐☐☐,☐☐ EUR

Aufgabe 10

Ermitteln Sie den Betrag der zum Bilanzstichtag (31.12.2013) aufgelaufenen Stückzinsen! Das Jahr 2013 ist kein Schaltjahr. Runden Sie das Ergebnis auf zwei Dezimalstellen!

Lösung: ☐☐.☐☐☐,☐☐ EUR

Aufgabe 11

Der Börsenkurs dieser Anleihe ist am Bilanzstichtag 103,80.

Mit welchem Wert in EUR ist dieser Anleihebestand am Bilanzstichtag zu bewerten?

Lösung: ☐.☐☐☐.☐☐☐,☐☐ EUR

Aufgabe 12

Wie ist die Anpassung des Wertes des Buchbestandes an den Wert am Bilanzstichtag zu buchen?

Lösung:

Nr.	Buchungssätze			Soll EUR	Haben EUR
12					

Aufgabe 13

Mit welchem Betrag in EUR ist dieser Anleihebestand in der Schlussbilanz auszuweisen?

Lösung: ☐.☐☐☐.☐☐☐,☐☐ EUR

Aufgabenstamm für die Aufgaben 14 bis 18

Die Kreditbank AG hat in diesem Geschäftsjahr folgende Transaktionen in BASF-Aktien für ihre Liquiditätsreserve vorgenommen. Es sind keine Kosten zu berücksichtigen. Das Konto Eigene Wertpapiere (L) wird als gemischtes Konto geführt.

Das Skontro weist für dieses Geschäftsjahr folgende Angaben aus:

Soll				BASF AG			Haben
	Stück	Kurs EUR/Stück	Kurswert EUR		Stück	Kurs EUR/Stück	Kurswert EUR
15.01.	1 000	243,00	243.000,00	05.11.	2 600	243,00	631.800,00
23.01.	1 400	235,00	329.000,00				
22.06.	1 600	240,00	384.000,00				

Aufgabe 14

Wie hoch war der Durchschnittserwerbskurs (DEK) dieser BASF Aktien?

Lösung: ☐☐☐,☐☐ EUR

Aufgabe 15

Wie hoch war der realisierte Erfolg beim Verkauf dieser Aktien?

Lösung: ☐☐.☐☐☐,☐☐ EUR

Aufgabe 16

Wie ist der realisierte Gewinn im Hauptbuch zu buchen?

Lösung:

Nr.	Buchungssätze			Soll EUR	Haben EUR
16					

Aufgabe 17

Der Börsenkurs dieser Aktien beträgt am Bilanzstichtag 235,50 EUR/Stück. Sie sollen die Bewertung dieses Aktienbestandes vornehmen.

Welche vorbereitende Abschlussbuchung wird in diesem Falle erforderlich?

Lösung:

Nr.	Buchungssätze			Soll EUR	Haben EUR
17					

Aufgabe 18

Ermitteln Sie den Betrag des Bilanzausweises dieser Aktien, wenn der Börsenkurs am Bilanzstichtag 241,00 EUR/Stück betragen hätte?

Lösung: ☐☐☐.☐☐☐,☐☐ EUR

Aufgabenstamm für die Aufgaben 19 bis 23

Die Kreditbank AG hält in diesem Geschäftsjahr die im Skontro verzeichnete Anleihe als Liquiditätsreserve:

Zinssatz: 1 % Letzter Tag des Vorjahres: 31. 12. 2012
Zinsfälligkeit: 15. 10. 2013 Bilanzstichtag: 31. 12. 2013

Datum	Kauf = K Verkauf = V	Nennwert	Kurs in v. H.	Bestand nominal	DEK in v. H.	Umsatz	Wert des Bestandes
28. 01.	K	2.500.000,00	101,10	2.500.000,00		2.527.500,00	2.527.500,00
15. 03.	K	1.500.000,00	101,25	4.000.000,00		1.518.750,00	4.046.250,00
16. 10.	K	1.000.000,00	101,85	5.000.000,00		1.018.500,00	5.064.750,00

Aufgabe 19

Ermitteln Sie den Durchschnittserwerbskurs dieser Anleihe? Runden Sie das Ergebnis auf zwei Dezimalstellen.

Lösung: ☐☐☐,☐☐ EUR

Aufgabe 20

Ermitteln Sie den Betrag der zum Bilanzstichtag (31.12.2013) aufgelaufenen Stückzinsen! Das Jahr 2013 ist kein Schaltjahr. Runden Sie das Ergebnis auf zwei Dezimalstellen!

Lösung: ⬜⬜.⬜⬜⬜,⬜⬜ EUR

Aufgabe 21

Wie sind die aufgelaufenen Stückzinsen am Bilanzstichtag zu buchen?

Lösung:

Nr.	Buchungssätze			Soll EUR	Haben EUR
21					

Aufgabe 22

Der Börsenkurs dieser Aktien beträgt am Bilanzstichtag 101,00 EUR/Stück. Sie sollen die Bewertung dieses Aktienbestandes vornehmen.

Welche vorbereitende Abschlussbuchung wird in diesem Falle erforderlich?

Lösung:

Nr.	Buchungssätze			Soll EUR	Haben EUR
22					

Aufgabe 23

Mit welchem Betrag in EUR werden diese Wertpapiere in der Bilanz ausgewiesen?

Lösung: ⬜.⬜⬜⬜.⬜⬜⬜,⬜⬜ EUR

Aufgabenstamm für die Aufgaben 24 bis 30

Skontro AKTIEN Handelsbestand

Soll				Fresenius SE & Co. KGaA			Haben
	Stück	Kurs EUR/Stück	Kurswert EUR		Stück	Kurs EUR/Stück	Kurswert EUR
14.01.	1 200	88,00	105.600,00	25.07.	1 600	92,00	147.200,00
15.02.	2 600	92,00	239.200,00	03.09.	900	94,00	84 600,00
28.05.	3 000	91,00	273.000,00				

Das Skontro weist die Verkäufe brutto aus. (Anmerkung: In der Praxis ist bei eigenen Wertpapieren des Handelsbestandes die Bruttobuchung nicht üblich.)

Der Börsenkurs am Bilanzstichtag beträgt 96,00 EUR.

Aufgabe 24

Ermitteln Sie den Durchschnittserwerbskurs dieses Handelsbestandes! Runden Sie den DEK kaufmännisch auf zwei Dezimalstellen.

Lösung: □□ , □□ EUR

Aufgabe 25

Ermitteln Sie den durchschnittlichen Verkaufskurs (DVK) dieser Aktien! Runden Sie den DEK kaufmännisch auf zwei Dezimalstellen.

Lösung: □□ , □□ EUR

Aufgabe 26

Wie hoch ist der realisierte Erfolg aus diesen Wertpapieren? Geben Sie an, ob es sich um realisierten Kursgewinn oder realisierten Kursverlust handelt!

Lösung:

Aufgabe 27

Ermitteln Sie den nicht realisierten Kursgewinn (Bewertungsertrag) in EUR!

Lösung: ☐☐.☐☐☐,☐☐ EUR

Aufgabe 28

Mit einem statistischen Verfahren wurde ein Risikoabschlag in Höhe von 2 % des beizulegenden Zeitwerts ermittelt.

Berechnen Sie

a) den Risikoabschlag für dieses Finanzinstrument pro Stück und

b) den Gesamtbetrag des Risikoabschlags in EUR?

Lösung:

a) ☐,☐☐ EUR

b) ☐.☐☐☐,☐☐ EUR

Aufgabe 29

Berechnen Sie den Marktwert dieses Aktienbestandes am Bilanzstichtag in EUR!

Lösung: ☐☐☐.☐☐☐,☐☐ EUR

Aufgabe 30

Berechnen Sie den Bilanzwert dieses Aktienbestandes am Bilanzstichtag in EUR!

Lösung: ☐☐☐.☐☐☐,☐☐ EUR

Aufgabenstamm für die Aufgaben 31 bis 36

Die Kreditbank AG führt nur die folgenden Aktien in ihrem Handelsbestand. Das Konto eigene Wertpapiere (HB) wird als reines Bestandskonto geführt. Im Skontro wird bei jedem Kauf der DEK errechnet und ausgewiesen, ebenso bei jedem Verkauf der Handelserfolg.

Das Skontro weist folgende Handelsgeschäfts aus:

BASF SE												
Schluss-tag	Auftr.-Nr.	Kauf = 1 Verk. = 2	Kurs/Preis	DEK	Stück			Kurswert		Saldo Bestand €	Kurs-gewinn €	Kurs-verlust €
					Zugang	Abgang	Bestand	Soll €	Haben €			
							0			0.00		
12.11.	1	1	68,00	68,00	1000		1000	68.000,00		68.000.00	0,00	0,00
25.11.	2	1	72,50		2000		3000	145.000,00		213.000.00	0,00	0,00
13.12.	3	2	70,00			1700						

Aufgabe 31

Berechnen Sie den Durchschnittserwerbskurs, der sich nach dem Schluss am 25.11. in EUR ergibt!

Lösung: ⬜⬜,⬜⬜ EUR

Aufgabe 32

Berechnen Sie den Erfolg aus dem Schluss am 13.12. in EUR! Tragen Sie vor dem Ergebnis, wenn sich ein Kursgewinnn ergibt, eine **1** ein bzw., wenn sich ein Kursverlust ergibt, eine **2** ein.

Lösung: ⬜ / Betrag ⬜.⬜⬜⬜,⬜⬜ EUR

Aufgabe 33

Am Bilanzstichtag beträgt der beizulegende Zeitwert (Marktpreis) 70,00 EUR/Stück.

Welche Buchung wird aus dieser Tatsache zwingend erforderlich? Ermitteln Sie auch den Betrag in EUR.

Lösung:

Nr.	Buchungssätze			Soll EUR	Haben EUR
33					

© MERKUR VERLAG RINTELN – Schuster

9 Schuster - ISBN 978-3-8120-1194-5

Aufgabe 34

Mithilfe eines finanzmathematischen Verfahrens wurde ermittelt, dass für diese Aktien ein Ausfallrisiko in Höhe von 1 % des beizulegenden Zeitwerts besteht.

Geben Sie entweder Nullen ein, wenn keine Risikoabschlag erforderlich wird, andernfalls den Gesamtbetrag des Risikoabschlags in EUR!

Lösung: ☐,☐☐☐,☐☐ EUR

Aufgabe 35

Wie hoch ist der Marktwert des Bestandes dieser Aktien am Bilanzstichtag in EUR?

Lösung: ☐☐.☐☐☐,☐☐ EUR

Aufgabe 36

Wie hoch ist der Bilanzwert dieses Aktienbestandes am Bilanzstichtag in EUR?

Lösung: ☐☐.☐☐☐,☐☐ EUR

Aufgabenstamm für die Aufgaben 37 bis 39

Im Rechnungswesen der Kreditbank AG liegen zum Bilanzstichtag die folgenden Daten über Aufwendungen und Erträge aus eigenen Wertpapieren vor:

Zinserträge aus WP der Liquiditätsreserve (LR)	22.500,00 EUR
Zinserträge aus WP des Handelsbestandes (HB)	3.500,00 EUR
Zinsaufwendungen für WP (LR)	2.800,00 EUR
Zinsaufwendungen für WP (HB)	1.400,00 EUR
Provisionsaufwendungen (LR)	4.000,00 EUR
Provisionsaufwendungen (HB)	1.000,00 EUR
Provisionserträge (HB)	6.000,00 EUR
Realisierte Kursgewinne (LR)	4.000,00 EUR
Realisierte Kursgewinne (HB)	31.500,00 EUR
Realisierte Kursverluste (LR)	3.200,00 EUR
Realisierte Kursverluste (HB)	5.400,00 EUR
Bewertungserträge (LR)	11.500,00 EUR
Bewertungserträge (HB)	9.450,00 EUR
Abschreibungen (LR)	1.700,00 EUR
Risikoabschlag (HB)	3.150,00 EUR

Aufgabe 37

Ermitteln Sie das Handelsergebnis in EUR! Alle Aufwendungen und Erträge entsprechen der internen Risikosteuerung der Kreditbank AG.

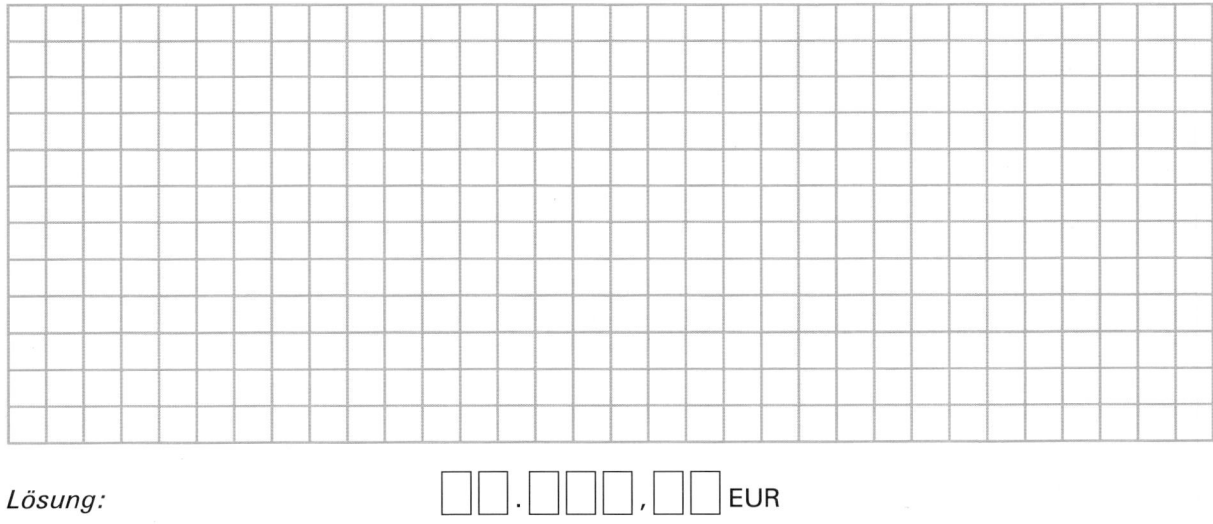

Lösung: ☐☐.☐☐☐,☐☐ EUR

Aufgabe 38

Welcher Betrag ist dem Fonds für allgemeine Bankrisiken (§ 340 g HGB) zuzuführen, wenn kein Auflösungsgrund vorliegt?

Lösung: ☐.☐☐☐,☐☐ EUR

Aufgabe 39

Wie ist diese Zuführung zum Fonds für allgemeine Bankrisiken zu buchen?

Lösung:

Nr.	Buchungssätze			Soll EUR	Haben EUR
39					

11 *Instrumente der Risikovorsorge*

s. Lehrbuch, Kap. 8.7/8.8

Aufgabe 1

Die Kreditbank AG muss in bestimmten Fällen Rückstellungen bilden. In welchen dieser Fälle ist das nicht gestattet?

① Einem Mitarbeiter wurde im November dieses Jahres fristlos gekündigt. Dieser fordert nun beim Arbeitsgericht eine Abfindung in Höhe von sechs Monatsgehältern. Das Verfahren wird wahrscheinlich in diesem Geschäftsjahr nicht beendet.

② Die Geschäftsräume der Kreditbank AG werden im Abstand von fünf Jahren renoviert. Dafür sollen jährlich $\frac{1}{5}$ der zu erwartenden Kosten zurückgestellt werden.

③ Die Kreditbank AG hat Spareinlagen mit einer Bonuszusage hereingenommen. Die Höhe des Bonus ist abhängig von der Haltedauer der jeweiligen Spareinlage.

④ Die Kreditbank AG hat an Kunden innovative Finanzprodukte verkauft. Als sich herausstellt, dass viele dieser Kunden Vermögensverluste aus diesen Anlagen erleiden, verklagen diese die Kreditbank AG auf Schadenersatz. Ein Verfahren, das bereits zugunsten eines Kunden entschieden wurde, ist in zweiter Instanz anhängig.

⑤ Im Dezember des Geschäftsjahres wurde aufgrund der Schneebelastung das Dach beschädigt und zunächst notdürftig repariert. Im März des nächsten Jahres soll die fachgerechte Wiederherstellung des Daches durchgeführt werden.

⑥ Der Pkw für den Vorstandsvorsitzenden der Kreditbank AG ist turnusgemäß im nächsten Jahr zu ersetzen.

Lösung: _____

Aufgabenstamm für die Aufgaben 2 bis 6

Die Kreditbank AG baut ihre Filiale in Obernau um. Die Umbauzeit wird mit zwei Jahren (Restlaufzeit) veranschlagt. Während dieser Zeit mietet die Bank Geschäftsräume an, die vor der Nutzung einige Umbauten erforderlich machen. Diese Umbauten müssen vertraglich am Ende der Mietzeit zurückgebaut werden.

Die Rückbaukosten werden auf 30.000,00 EUR geschätzt. Der Abzinsungszinssatz beträgt 3 % p. a.

Aufgabe 2

Ermitteln Sie den Betrag der Zugangsbewertung für die zu bildende Rückstellung am Bilanzstichtag des Jahres 1!

Lösung: ☐☐.☐☐☐,☐☐ EUR

Aufgabe 3

Ermitteln Sie die Beträge der Folgebewertung für die Bilanzstichtage der Jahre 2 und 3!

Lösung:

Aufgabe 4

Welche Buchungen sind bei der Zuführung dieser Rückstellung erforderlich?

Lösung:

Nr.	Buchungssätze		Soll EUR	Haben EUR
4				

Aufgabe 5

Welche Buchungen sind bei der Folgebewertung in den beiden folgenden Geschäftsjahren vorzunehmen?

Lösung:

Nr.	Buchungssätze			Soll EUR	Haben EUR
5					

Aufgabe 6

Die Umbaumaßnahmen wurden planmäßig abgeschlossen. Die Abschlussrechnung des ausführenden Unternehmens beträgt 28.900,00 EUR. Der Rechnungsbetrag wird diesem Unternehmen, unter Inanspruchnahme der Rückstellung, auf das bei der Kreditbank AG geführte Geschäftskonto überwiesen.

Wie ist zu buchen?

Lösung:

Nr.	Buchungssätze			Soll EUR	Haben EUR
6					

Aufgabenstamm für die Aufgaben 7 bis 8

Die Kreditbank AG will die maximal mögliche Bildung von Vorsorgereserven nach § 340f HGB ermitteln.

Nach erfolgter Einzelbewertung ergaben sich zum Bilanzstichtag folgende Bestände:

Forderungen an Kreditinstitute	35.450 TEUR
Forderungen an Kunden	64.520 TEUR
Wertpapiere des Anlagevermögens	5.500 TEUR
Wertpapiere der Liquiditätsreserve	2.980 TEUR
Wertpapiere des Handelsbestandes	7.830 TEUR

Aufgabe 7

Ermitteln Sie die Bemessungsgrundlage der nach § 340f HGB bewertbaren Werte!

Lösung: ☐☐☐.☐☐☐ TEUR

Aufgabe 8

Ermitteln Sie die maximale Höhe der auf diesen Bestand möglichen stillen Vorsorgereserve nach § 340f HGB!

Lösung: ☐.☐☐☐ TEUR

Aufgabenstamm für die Aufgaben 9 bis 10

Die Kreditbank AG hat im abgelaufenen Geschäftsjahr einen Jahresüberschuss von 2.445.000,00 EUR erwirtschaftet. Aus dem Vorjahr besteht ein Verlustvortrag von 160.000,00 EUR.

Bestände vor Zuführung zu den offenen Rücklagen:

Grundkapital	25.000.000,00 EUR
Gesetzliche Rücklage	1.000.000,00 EUR
Kapitalrücklagen	1.350.000,00 EUR

Aufgabe 9

Sie sollen prüfen, ob die Kreditbank AG in diesem Geschäftsjahr einen Teil des Jahresüberschusses in die gesetzliche Rücklage einstellen muss! In der Satzung sind keine vom HGB abweichenden Regelungen enthalten.

Welche Antwort über das Prüfungsergebnis ist zutreffend begründet?

① Eine Zuführung zu der gesetzlichen Rücklage ist erforderlich, weil diese niedriger sind als die Kapitalrücklagen.

② Eine Zuführung zu der gesetzlichen Rücklage ist erforderlich, weil die gesetzlichen Rücklagen weniger als 5 v. H. des Grundkapitals betragen.

③ Eine Zuführung zu der gesetzlichen Rücklage ist erforderlich, weil die gesetzliche Rücklage und die Kapitalrücklagen insgesamt weniger als 10 v. H. des Eigenkapitals betragen.

④ Eine Zuführung zu der gesetzlichen Rücklage ist erforderlich, weil der Verlustvortrag aus dem Vorjahr jetzt durch den Jahresüberschuss ausgeglichen werden kann.

⑤ Es ist keine Zuführung zur gesetzlichen Rücklage erforderlich, weil die offenen Rücklagen 5 v. H. des Grundkapitals übersteigen.

Lösung: _____

Aufgabe 10

Gehen Sie, unabhängig von Ihrer Antwort zur Aufgabe 9 davon aus, dass eine Zuführung von Teilen des Jahresüberschusses zur gesetzlichen Rücklage erforderlich ist.

Welcher Betrag in EUR wäre in diesem Falle nach dem HGB in die gesetzliche Rücklage einzustellen?

Lösung: ☐☐☐.☐☐☐,☐☐ EUR

Aufgabe 11

Wie viel v. H. des Grundkapitals betragen die offenen Rücklagen nach der Einstellung des Mindestbetrages in die gesetzliche Rücklage? Es werden keine weiteren Teile des Jahresüberschusses in die offenen Rücklagen eingestellt. Runden Sie das Ergebnis auf zwei Dezimalstellen.

Lösung: ☐,☐☐ %

© MERKUR VERLAG RINTELN – Schuster

Lernfeld 8: Kosten und Erlöse ermitteln und beeinflussen

1 Grundbegriffe der Kosten- und Erlösrechnung der Kreditinstitute

s. Lehrbuch, Kap. 2

Aufgabe 1

Ein Kunde hebt von seinem Guthaben auf dem laufenden Konto 5.000,00 EUR ab.

Welche unmittelbaren Auswirkungen hat dieser Vorgang auf die Finanzbuchhaltung der Kreditbank AG?

① Es entsteht eine Auszahlung.

② Es erfolgt eine Ausgabe.

③ Es entsteht ein Aufwand.

④ Es entsteht ein Ertrag.

⑤ Es entsteht eine Einnahme.

⑥ Es entsteht eine Einzahlung.

Lösung: _____

Aufgabe 2

Die Kreditbank AG überweist 10.000,00 EUR als Spende für die Flutopfer vom Bundesbank-Konto an das bei einem anderen Kreditinstitut geführte Konto des Roten Kreuzes.

Ordnen Sie den aufgeführten Begriffen die richtigen Beträge zu. Falls kein Betrag anfällt, geben Sie Nullen in die Lösungskästchen ein.

1. Auszahlung _____ ☐☐.☐☐☐,☐☐ EUR

2. Einzahlung _____ ☐☐.☐☐☐,☐☐ EUR

3. Ausgabe _____ ☐☐.☐☐☐,☐☐ EUR

4. Einnahme _____ ☐☐.☐☐☐,☐☐ EUR

5. Aufwand _____ ☐☐.☐☐☐,☐☐ EUR

6. Ertrag _____ ☐☐.☐☐☐,☐☐ EUR

Aufgabe 3

Die Kreditbank AG wird von einem Zentralverwahrer mit Depotentgelten in Höhe von 77.000 EUR + 19 % USt 14.630,00 EUR belastet.

Ordnen Sie den aufgeführten Begriffen die richtigen Beträge zu. Falls kein Betrag anfällt, geben Sie Nullen in die Lösungskästchen ein.

1. Grundkosten _____ ☐☐.☐☐☐,☐☐ EUR

2. Zusatzkosten _____ ☐☐.☐☐☐,☐☐ EUR

3. Neutraler Aufwand _____ ☐☐.☐☐☐,☐☐ EUR

4. Zweckaufwand _____ ☐☐.☐☐☐,☐☐ EUR

5. Grunderlös _____ ☐☐.☐☐☐,☐☐ EUR

6. Zusatzerlös _____ ☐☐.☐☐☐,☐☐ EUR

Aufgabe 4

Geben Sie an, ob und ggf. welche Kosten- und Erlösarten in folgenden Fällen vorliegen.

Kennzeichnen Sie die

● Kostenarten im Betriebsbereich mit **1**;

● Kosten im Wertbereich mit **2**;

● Erlöse im Betriebsbereich mit **3**,

● Erlöse im Wertbereich mit **4**.

● Keine Zuordnung trifft zu mit **5**.

Fälle:

① Kauf eines Kontoauszugsdruckers _____ ☐

② Abschreibungen auf Forderungen an Kunden _____ ☐

③ Kfz-Steuer für Firmenfahrzeuge _____ ☐

④ Bearbeitungsgebühren für Baudarlehen an Kunden _____ ☐

⑤ Entgelte für Kundenschließfächer _____ ☐

⑥ Zinsen aus eigenen Festgeldaufnahmen am Geldmarkt _____ ☐

Aufgabe 5

Kosten- und Erlösartenarten können dem Betriebsbereich oder dem Wertbereich zugerechnet werden.

Welche der folgenden Kosten- und Erlösarten sind dem Betriebsbereich zuzuordnen?

① Personalkosten

② Überziehungsprovision

③ Betriebssteuern

④ Abschreibungen auf Forderungen

⑤ kalkulatorische Zusatzkosten

⑥ Werbungskosten

Lösung: _____

Aufgabe 6

Ein Auszubildender der Kreditbank AG möchte von Ihnen über Grundbegriffe der Kostenrechnung informiert werden.

Welche Auskunft ist richtig?

① Provisionserträge müssen immer den Betriebsleistungen zugeordnet werden.

② Kosten der Fuhrparks sind Wertkosten.

③ Wert- und Betriebsleistung sind voneinander unabhängig.

④ Zu den Betriebsleistungen zählen die Refinanzierungskosten am Kapitalmarkt.

⑤ Wert- und Betriebsleistungen sind voneinander abhängig

Lösung: _____

Aufgabe 7

Welche Erlöse sind dem Betriebsbereich zuzuordnen?

① Zinserlöse

② Kalkulatorische Zinskosten

③ Umsatzprovision

④ Überziehungsprovision

⑤ Postenentgelte

Lösung: _____

Aufgabe 8

Ordnen Sie den Geschäftsfällen die richtigen Grundbegriffe der Betriebsbuchhaltung der Kreditbank AG zu.

Tragen Sie eine **7** ein, wenn keiner dieser Grundbegriffe zutrifft!

Grundbegriffe	Geschäftsfälle	
1 Neutrale Aufwendungen **2** Neutrale Erträge **3** Grundkosten **4** Grunderlös **5** Zusatzkosten **6** Zusatzerlöse	1. Gehaltszahlungen an Mitarbeiter _____	☐
	2. Ausführung einer SEPA-Lastschrift für einen Firmenkunden	☐
	3. Zinszahlungen an Kunden für Termineinlagen _____	☐
	4. Tilgung eines fälligen Schuldscheindarlehens _____	☐
	5. Zinsvergünstigungen für an Mitarbeiter ausgereichte Baufinanzierungen _____	☐

Aufgabenstamm für die Aufgaben 9 bis 13

Die Kreditbank AG lässt in einer Filiale einen neuen Geldwechselautomaten installieren.

Anschaffungskosten	18.000,00 EUR
Wiederbeschaffungskosten	15.000,00 EUR
Bilanzmäßige Nutzungsdauer in Jahren	5
Kalkulatorische Nutzungsdauer in Jahren	6
Lineare AfA	

Erstellen Sie die Abschreibungspläne für das externe und das interne Rechnungswesen!

Aufgabe 9

In wie viel Jahren und in welcher Höhe fallen bilanzielle Abschreibungen an?

Lösung:

Jahre	Betrag in EUR

Aufgabe 10

In wie viel Jahren und in welcher Höhe fallen kalkulatorische Abschreibungen an?

Lösung:

Jahre	Betrag in EUR

Aufgabe 11

In wie viel Jahren fallen Grundkosten an? Tragen Sie die Anzahl der Jahre und den Betrag in die Lösungskästchen ein!

Lösung:

Jahre	Betrag in EUR

Aufgabe 12

In wie viel Jahren und in welcher Höhe fallen neutrale Aufwendungen an?

Lösung:

Jahre	Betrag in EUR

Aufgabe 13

In wie viel Jahren und in welcher Höhe fallen Zusatzkosten an?

Lösung:

Jahre	Betrag in EUR

Aufgabenstamm für die Aufgaben 14 bis 18

Die Kreditbank AG kauft ein Kraftfahrzeug, das als mobile Zweigstelle eingesetzt wird.

Anschaffungskosten	70.000,00 EUR
Wiederbeschaffungskosten	77.000,00 EUR
Bilanzmäßige Nutzungsdauer in Jahren	5
Kalkulatorische Nutzungsdauer in Jahren	4
Lineare AfA	

Erstellen Sie die Abschreibungspläne für das externe und das interne Rechnungswesen!

Jahr	Bilanzmäßige Abschreibungen	Kalkulatorische Abschreibungen	Zweckaufwand = Grundkosten	neutraler Aufwand	Zusatzkosten
1					
2					
3					
4					
5					
6					

Aufgabe 14

In wie viel Jahren und in welcher Höhe fallen bilanzielle Abschreibungen an?

Lösung:

Jahre	Betrag in EUR

Aufgabe 15

In wie viel Jahren und in welcher Höhe fallen kalkulatorische Abschreibungen an?

Lösung:

Jahre	Betrag in EUR

Aufgabe 16

In wie viel Jahren fallen Grundkosten an? Tragen Sie die Anzahl der Jahre und den Betrag in die Lösungskästchen ein!

Lösung:

Jahre	Betrag in EUR

Aufgabe 17

In wie viel Jahren und in welcher Höhe fallen neutrale Aufwendungen an?

Lösung:

Jahre	Betrag in EUR

Aufgabe 18

In wie viel Jahren und in welcher Höhe fallen Zusatzkosten an?

Lösung:

Jahre	Betrag in EUR

Aufgabe 19

Für die Kraftfahrzeuge der Kreditbank AG fielen im vergangenen Geschäftsjahr folgende Kosten an:

Kfz-Steuern	4.950,00 EUR	Abschreibungen	53.900,00 EUR
Kfz-Versicherungen	6.400,00 EUR	Wartung	4.350,00 EUR
Kraftstoffe	45.800,00 EUR		

Wie viel EUR Fixkosten sind bei diesen Kraftfahrzeugen insgesamt im vergangenen Geschäftsjahr angefallen?

Lösung:

$$\square\square.\square\square\square,\square\square \text{ EUR}$$

Aufgabe 20

Die Kreditbank AG hat den Kostenträger Baudarlehen. Welche der folgenden Kosten sind in Bezug auf diesen Kostenträger Einzelkosten?

① Prüfen der Darlehensunterlagen auf Vollständigkeit.

② Werbung für die Baufinanzierung im Internet.

③ Ausfertigung des Darlehensvertrags für den Darlehensnehmer.

④ Prüfkosten der Baudarlehen durch die interne Revision.

⑤ Kosten der Trainees während ihrer Ausbildung im Kreditbereich.

⑥ Buchung der Auszahlung eines Baudarlehens entsprechend dem Baufortschritt.

Lösung: _____

Aufgabe 21

Die Kreditbank AG hat u. a. die Kostenstelle Firmenkunden. Welche der folgenden Kosten sind in Bezug auf diese Kostenstelle Stellengemeinkosten?

① Kosten für einen Vortrag für Firmenkunden zu Neuerungen in der Unternehmensbesteuerung.

② Kosten des Vorstandes der Kreditbank AG.

③ Kosten der Firmenkundenberater.

④ Kosten des Leiters des Bereichs Controlling der Kreditbank AG.

⑤ Kosten für die Nutzung von Schufa und Ratingagenturen.

⑥ Kosten für die Überwachung von Firmenkrediten.

Lösung: _____

2 Gesamtbetriebskalkulation auf Basis der GuV

Aufgabenstamm für die Aufgaben 1 bis 6

Die Bilanzsumme der Kreditbank AG beträgt 3.000 Mio. EUR. Die GuV-Posten dieser Bank weisen folgende Werte in Mio. EUR auf:

Zinserträge	250
Zinsaufwendungen	125
Provisionserträge	90
Provisionsaufwendungen	30
Personalaufwendungen	55
Andere Verwaltungsaufwendungen	30
Abschreibungen auf Sachanlagen	10
Abschreibungen auf Forderungen	20
Nettoertrag des Handelsbestands	0

Runden Sie die Ergebnisse kaufmännisch auf zwei Stellen!

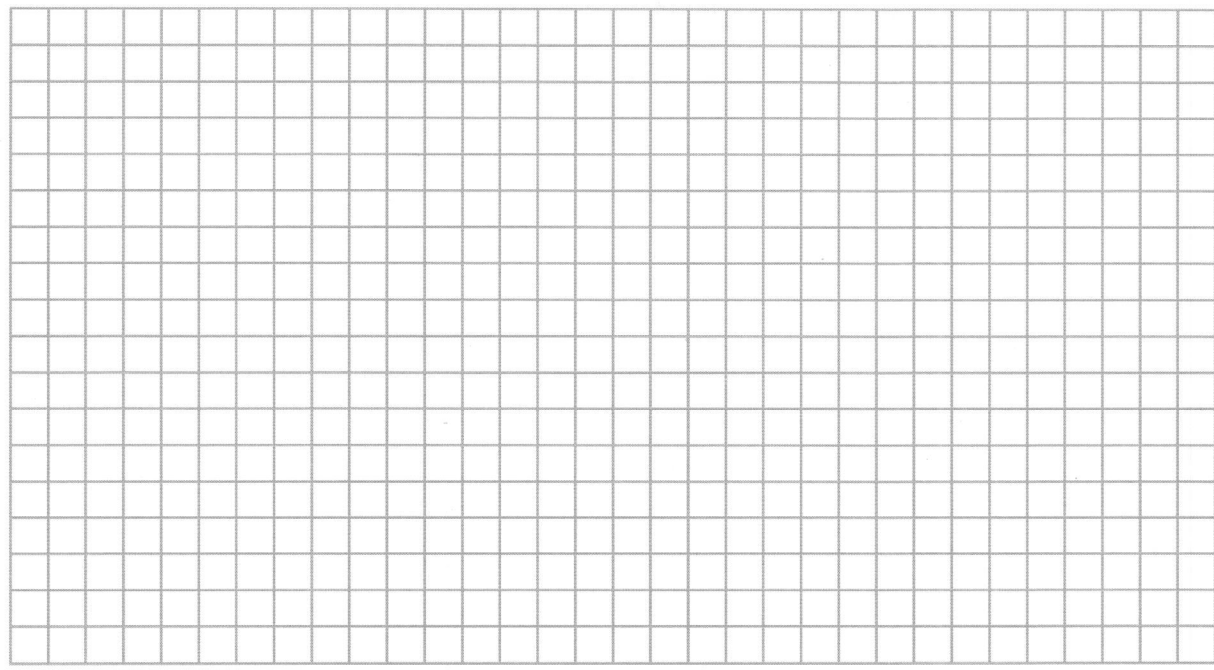

Aufgabe 1

Wie hoch ist die Bruttozinsspanne in v. H.?

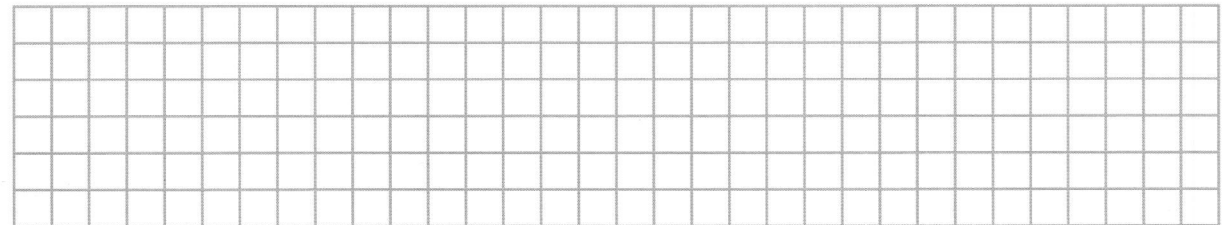

Lösung:

☐ , ☐☐ %

Aufgabe 2

Wie hoch ist die Provisionsspanne in v. H.?

Lösung:

$\square$, $\square\square$ %

Aufgabe 3

Wie hoch ist die Bruttoertragsspanne in v. H.?

Lösung:

$\square$, $\square\square$ %

Aufgabe 4

Wie hoch ist die Bruttobedarfsspanne in v. H.?

Lösung:

$\square$, $\square\square$ %

Aufgabe 5

Wie hoch ist die Bewertungsspanne (Risikospanne) in v. H.?

Lösung:

$\square$, $\square\square$ %

Aufgabe 6

Wie hoch ist die Nettogewinnspanne (Reingewinnspanne) in v. H.?

Lösung:

$$\Box , \Box\Box \,\%$$

Aufgabenstamm für die Aufgaben 7 bis 12

Die Bilanzsumme der Kreditbank AG beträgt 4.100 Mio. EUR. Die GuV-Posten dieser Bank weisen folgende Werte in Mio. EUR auf:

Zinserträge	350
Zinsaufwendungen	180
Provisionserträge	220
Provisionsaufwendungen	30
Personalaufwendungen	200
Andere Verwaltungsaufwendungen	60
Abschreibungen auf Sachanlagen	10
Abschreibungen auf Forderungen	10
Erträge aus Zuschreibungen zu Forderungen und bestimmten Wertpapieren sowie Zuführungen zu Rückstellungen im Kredigeschäft	25
Nettoaufwand des Handelsbestands	5

Runden Sie die Ergebnisse kaufmännisch auf zwei Stellen!

© MERKUR VERLAG RINTELN – Schuster

11 Schuster - ISBN 978-3-8120-1194-5

Aufgabe 7

Wie hoch ist die Bruttozinsspanne in v. H.?

Lösung:

$\square , \square\square$ %

Aufgabe 8

Wie hoch ist die Provisionsspanne in v. H.?

Lösung:

$\square , \square\square$ %

Aufgabe 9

Wie hoch ist die Bruttobedarfsspanne in v. H.?

Lösung:

$\square , \square\square$ %

Aufgabe 10

Wie hoch ist die Handelsspanne in v. H.?

Lösung:

$\square , \square\square$ %

Aufgabe 11

Wie hoch ist die Bewertungsspanne in v. H.?

Lösung:

$\square , \square\square$ %

Aufgabe 12

Wie hoch ist die Nettogewinnspanne in v. H.?

Lösung:

$\square , \square\square$ %

s. Lehrbuch, Kap. 4

3 Kalkulation von Bankdienstleistungen im Wertbereich

Aufgabenstamm für die Aufgaben 1 bis 7

Die Kreditbank AG beschafft sich 300.000,00 EUR durch Spareinlagen mit vereinbarter Kündigungsfrist von sechs Monaten zu 1,5 % p. a. Alternativ könnte von der Zentrale ein Festgeld mit gleicher Laufzeit zu 2,25 % p. a. aufgenommen werden.

Dieses Kreditinstitut reicht ein Darlehen an einen Kunden über ebenfalls 300.000,00 EUR mit einer Laufzeit von 12 Monaten zu 5,5 % p. a. aus. Alternativ könnten am GKM für gleiche Laufzeit 4,5 % p. a. erzielt werden.

Der Zins für Tagesgeld beträgt am Geldmarkt 1,8 % p. a.

Runden Sie die Ergebnisse kaufmännisch auf zwei Stellen!

Aufgabe 1

Wie hoch ist der passive Strukturbeitrag (Fristentransformationsbeitrag) in v. H ?

Lösung:

$\square , \square\square$ %

Aufgabe 2

Wie hoch ist der passive Konditionenbeitrag in v. H.?

Lösung:

$\square , \square\square$ %

Aufgabe 3

Wie hoch ist der aktive Strukturbeitrag (Fristentransformationsbeitrag) in v. H.?

Lösung:

$\square , \square\square$ %

Aufgabe 4

Wie hoch ist der aktive Konditionenbeitrag in v. H.?

Lösung:

$\square , \square\square$ %

Aufgabe 5

Wie hoch ist der Strukturbeitrag insgesamt in v. H.?

Lösung:

$\square , \square\square$ %

Aufgabe 6

Wie hoch ist der Konditionenbeitrag insgesamt in v. H.?

Lösung:

$$\square , \square\square \ \%$$

Aufgabe 7

Wie hoch ist die Bruttozinsspanne insgesamt in v. H.?

Lösung:

$$\square , \square\square \ \%$$

Aufgabenstamm für die Aufgaben 8 bis 14

Die Kreditbank AG beschafft sich 200.000,00 EUR durch Kündigungsgelder mit einer Kündigungs-frist von drei Monaten zu 0,5 % p. a. Alternativ könnte am Bankengeldmarkt ein Festgeld mit glei-cher Laufzeit zu 1,0 % p. a. aufgenommen werden.

Die Kreditbank AG reicht ein Schuldscheindarlehen an einen Kunden über ebenfalls 200.000,00 EUR mit einer Laufzeit von 6 Monaten zu 2,8 % p. a. aus. Alternativ könnten am GKM für gleiche Lauf-zeit 1,3 % p. a. erzielt werden.

Der Zins für Tagesgeld beträgt am Geldmarkt 0,75 % p. a.

Negative Vorzeichen sind bei Bedarf anzugeben!

Aufgabe 8

Wie hoch ist der passive Strukturbeitrag (Fristentransformationsbeitrag) in v. H.?

Lösung:

$$\square , \square\square \ \%$$

Aufgabe 9

Wie hoch ist der passive Konditionenbeitrag in v. H.?

Lösung:

☐,☐☐ %

Aufgabe 10

Wie hoch ist der aktive Strukturbeitrag (Fristentransformationsbeitrag) in v. H.?

Lösung:

☐,☐☐ %

Aufgabe 11

Wie hoch ist der aktive Konditionenbeitrag in v. H.?

Lösung:

☐,☐☐ %

Aufgabe 12

Wie hoch ist der Strukturbeitrag insgesamt in v. H.?

Lösung:

☐,☐☐ %

Aufgaben

Aufgabe 13

Wie hoch ist der Konditionenbeitrag insgesamt in v. H.?

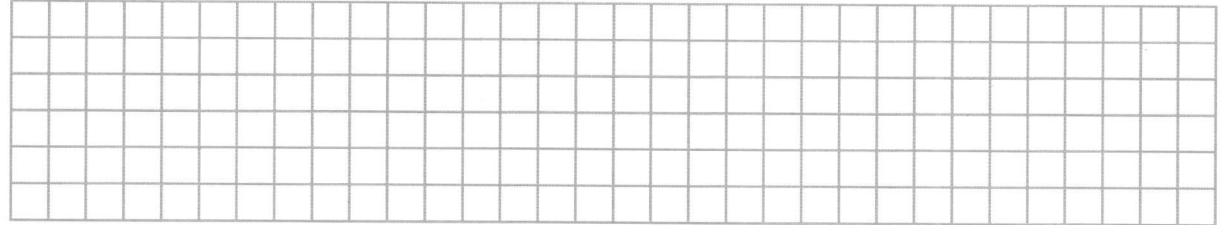

Lösung:

$$\square , \square\square \ \%$$

Aufgabe 14

Wie hoch ist die Bruttozinsspanne insgesamt in EUR?

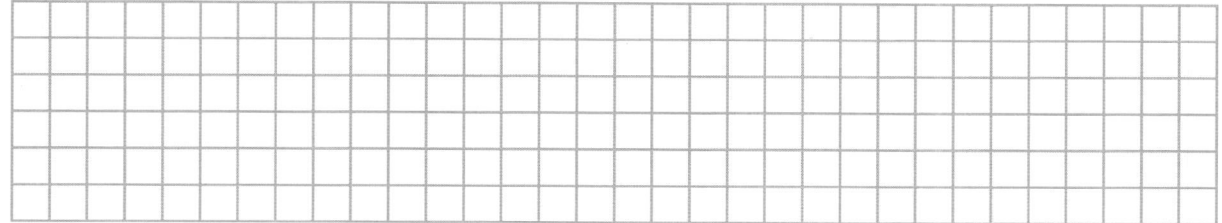

Lösung:

$$\square . \square\square\square , \square\square \ \text{EUR}$$

Aufgabenstamm für die Aufgaben 15 bis 22

Die Kreditbank AG kalkuliert im Wertbereich mit der Marktzinsmethode. Es liegen folgende Geschäfte vor:

Aktiva

	Volumen EUR	Kundenzinssatz % p. a.	Alternativanlage am GKM % p. a.
Kontokorrentkredit	1.300.000,00	7,5	2,8
Wertpapiere	200.000,00	3,5	3,0
Darlehen	500.000,00	3,8	3,2

Passiva

	Volumen EUR	Kundenzinssatz % p. a.	Alternativanlage am GKM % p. a.
Sichteinlagen	700.000,00	0,5	0,3
Termineinlagen	300.000,00	1,5	1,6
Spareinlagen	1.000.000,00	0,75	1,1

Der Tagesgeldsatz am Interbankenmarkt beträgt 0,4 % p. a.

Runden Sie kaufmännisch auf zwei Dezimalstellen!

Aufgabe 15

Wie hoch ist der Strukturbeitrag Passiva (Fristentransformationsbeitrag) in v. H.?

Lösung:

☐ , ☐☐ %

Aufgabe 16

Wie hoch ist der Konditionenbeitrag Passiva in v. H.?

Lösung:

☐ , ☐☐ %

Aufgabe 17

Wie hoch ist der Strukturbeitrag Aktiva (Fristentransformationsbeitrag) in v. H.?

Lösung:

☐ , ☐☐ %

Aufgabe 18

Wie hoch ist der Konditionenbeitrag Aktiva in v. H.?

Lösung:

☐ , ☐☐ %

Aufgabe 19

Wie hoch ist der Strukturbeitrag insgesamt in v. H.?

Lösung:

☐,☐☐ %

Aufgabe 20

Wie hoch ist der Konditionenbeitrag insgesamt in v. H.?

Lösung:

☐,☐☐ %

Aufgabe 21

Wie hoch ist die Bruttozinsspanne insgesamt in v. H.?

Lösung:

☐☐☐.☐☐☐,☐☐ EUR

Aufgabe 22

Dieses Kreditinstitut will die Bruttozinsspanne auf 6,0 % erhöhen. Dazu sollen die Zinsen für Kontokorrentkredite erhöht werden.

Welchen Zinssatz p. a. muss dieses Kreditinstitut für Kontokorrentkredite zukünftig ansetzen?

Lösung:

☐,☐☐ %

© MERKUR VERLAG RINTELN – Schuster

12 Schuster - ISBN 978-3-8120-1194-5

Aufgabenstamm für die Aufgaben 1 bis 5

Die Kreditbank AG will in einer Zahlstelle die Betriebskosten für die Marktleistung Zahlungsverkehr Privatkunden mithilfe der Äquivalenzzifferrechnung überprüfen.

Die Gesamtkosten für diese Marktleistung wurden mit 36.000,00 EUR pro Jahr ermittelt.

Es wurde der jeweilige Zeitbedarf je Leistung in Minuten für die Leistungselemente, sowie die jährliche Anzahl der Stückleistungen wie folgt ermittelt;

Leistungs-elemente	Zeitbedarf in Min.	Äquivalenz-ziffer	Stück-leistung	Gewichtete Stückleistung	Betriebs-kosten der Leistungs-elemente
Kontoeröffnung	20		120		
Kontoschließung	16		25		
Änderungen	6		300		
Einzahlung	4		8000		
Auszahlung	2		12000		

Aufgabe 1

Ermitteln Sie die Äquivalenzziffern für die Leistungselemente.

Welche Äquivalenzziffer ergibt sich für das Leistungselement Kontoeröffnung?

Lösung:

☐☐

Aufgabe 2

Ermitteln Sie die gewichteten Stückleistungen für die Leistungselemente.

Welche gewichtete Stückleistung ergibt sich für das Leistungselement Kontoschließung?

Lösung:

☐☐ . ☐☐☐ Stück

Aufgaben

Aufgabe 3

Wie hoch ist die Summe der gewichteten Stückleistungen?

Lösung:

☐☐.☐☐☐ Stück

Aufgabe 4

Wie hoch sind die Betriebskosten pro gewichteter Stückleistung?

Lösung:

☐☐.☐☐ EUR

Aufgabe 5

Berechnen Sie die Betriebskosten der einzelnen Leistungselemente.

Wie hoch sind die Betriebskosten für eine Kontoschließung?

Lösung:

☐☐,☐☐ EUR

Aufgabenstamm für die Aufgaben 6 bis 8

Das tarifliche Entgelt eines Mitarbeiters beträgt monatlich 2.400,00 EUR. Das Jahr hat 245 Arbeitstage. Der Mitarbeiter erhält 28 Tage Urlaub. Für Weiterbildung werden 8 Tage angesetzt. Durchschnittlich fallen 5 Krankheitstage an. Es werden 13 Gehälter gezahlt. Außerdem werden monatlich 40,00 EUR Sparförderung gezahlt. Die Lohnnebenkosten betragen 25 % pro Jahr. Die tägliche Arbeitszeit beträgt 8 Stunden.

Aufgabe 6

Wie viel EUR betragen die Standardpersonalkosten pro Jahr?

Lösung:

☐☐.☐☐☐,☐☐ EUR

Aufgabe 7

Wie viel Minuten beträgt die maximale Arbeitszeit (maximale Planbeschäftigung) pro Jahr?

Lösung:

□□.□□□ Minuten

Aufgabe 8

Wie hoch ist der Standardkostensatz pro Minute Arbeitszeit in EUR?

Geben Sie das Ergebnis auf drei Stellen genau an!

Lösung:

□□,□□□ EUR

Aufgabenstamm für die Aufgaben 9 bis 12

Das tarifliche Entgelt eines Mitarbeiters beträgt monatlich 3.500,00 EUR. Das Jahr hat 250 Arbeitstage. Der Mitarbeiter erhält 28 Tage Urlaub. Für sonstige Fehltage werden 6 Tage angesetzt. Durchschnittlich fallen 8 Krankheitstage an. Es werden 12 Gehälter gezahlt. Außerdem werden 79,00 EUR monatliche Sparförderung gezahlt. Die Lohnnebenkosten betragen 30 % pro Jahr. Die tägliche Arbeitszeit beträgt 7,5 Stunden.

Aufgabe 9

Wie viel EUR betragen die Standardpersonalkosten pro Jahr?

Lösung:

□□.□□□,□□ EUR

Aufgabe 10

Wie viel Minuten beträgt die maximale Arbeitszeit (maximale Planbeschäftigung) pro Jahr?

Lösung:

☐☐.☐☐☐ Minuten

Aufgabe 11

Wie hoch ist der Standardkostensatz pro Minute Arbeitszeit in EUR?

Geben Sie das Ergebnis auf drei Stellen genau an!

Lösung:

☐☐,☐☐☐ EUR

Aufgabe 12

Es finden Verhandlungen über einen Haustarifvertrag statt. Dabei steht für das Kreditinstitut zur Entscheidung an, ob es ① einer Tariflohnerhöhung um 2,0 % oder ② einer Verlängerung des Jahresurlaubs um 2 Tage zustimmen soll.

Welche Alternative führt für das Kreditinstitut zu günstigeren Personalstandardeinzelkosten?

Geben Sie die Kennziffer der Alternative und den Kostenvorteil in EUR/Minute an. Rechnen Sie auf drei Stellen genau!

Lösung:

☐ / ☐☐,☐☐☐ EUR

Aufgabenstamm für die Aufgaben 13 bis 15

Ermittlung der Standardkostensätze

Kostenstelle 1001

Kostenart	Standardkosten/ Jahr in EUR	Max. Beschäftigung in Min./Jahr	Standardkostensatz EUR/pro Minute
	(1)	(2)	
Personalkosten	112.300,00		
Personalnebenkosten	24.000,00		
Arbeitsplatzkosten	36.500,00		
Summe			

Ermittlung der Maximalbeschäftigung

Mitarbeiter	3
Arbeitstage pro Monat	20
Arbeitszeit täglich in Stunden	8
Max. Arbeitszeit pro Jahr in Stunden	
Max. Arbeitszeit pro Jahr in Minuten	

Kostenträger (Hauptprozess): Darlehen

Teilprozesse	Kosten- stelle Nr.	Standardverbrauchsmengen pro Teilprozess		Standard- kosten- sätze EUR/ Zeiteinheit	Standard- stück- kosten (EUR/Teil- prozess)
		Bearbei- tungszeit in Min.	DV-Zeit in Sek.		
Beratung	1001	25			
Kreditprüfung	1001	30			
Kreditgenehmigung	1001	10			
Kreditsachbearbeitung	1001	18			
IT-Kosten Sachbearbeitung	1023		30	0,19	
Summe					

Sonstige Sachmitteleinzelkosten

Kostenart	Menge	Standardkosten/ Mengeneinheit	Standardstück- kosten EUR/ Kostenart
Antragsformularsatz	1	0,10	
Formularsatz Sicherheitenbestellung	1	0,13	
Porti	2	1,45	
Kreditakte	1	1,10	
Sonstige Sachmittelkosten (pauschal)	1	3,00	
Summe			
Standardeinzelkosten pro Darlehen			

Aufgabe 13

Wie viel Minuten beträgt die maximale Arbeitszeit (maximale Planbeschäftigung) pro Jahr?

Lösung:

$\square\square\square$. $\square\square\square$ Minuten

Aufgabe 14

Wie hoch ist der Standardkostensatz pro Minute Arbeitszeit in EUR?

Geben Sie das Ergebnis auf drei Stellen genau an!

Lösung:

$\square\square$, $\square\square\square$ EUR

Aufgabe 15

Wie hoch sind die Standardeinzelkosten pro Darlehen in EUR?

Geben Sie das Ergebnis auf zwei Stellen genau an!

Lösung:

$\square\square$, $\square\square$ EUR

Aufgabenstamm für die Aufgaben 16 bis 19

Die Kreditbank AG betreibt eine Geschäftsstelle, die mit einer Person besetzt ist. Deren monatliches Entgelt beträgt einschließlich der Personalnebenkosten 4.500,00 EUR. Die sonstigen Betriebskosten wurden 2,40 EUR pro Geschäftsfall ermittelt.

Es soll überprüft werden, ob die Umwandlung dieser Geschäftsstelle in eine Selbstbedienungs-Geschäftsstelle sinnvoll ist. Die jährlichen fixen Betriebskosten werden auf 60.000,00 EUR geschätzt. Die variablen Kosten pro Geschäftsfall könnten auf 1,20 EUR gesenkt werden.

Bisher fielen während der jährlichen 220 Arbeitstage durchschnittlich 50 Geschäftsfälle pro Arbeitstag an.

Aufgabe 16

Wie hoch sind die Stückkosten pro Geschäftsfall beim Einsatz des Mitarbeiters in dieser Geschäftsstelle?

Lösung:

$\square\square$, $\square\square$ EUR

Aufgabe 17

Wie hoch sind die Stückkosten pro Geschäftsfall beim Einsatz von Selbstbedienungsterminals in dieser Geschäftsstelle?

Lösung:

$\square\square,\square\square$ EUR

Aufgabe 18

Bei welcher Anzahl von Geschäftsfällen sind die Kosten beim Einsatz des Mitarbeiters gleich den Kosten beim Einsatz von Selbstbedienungsterminals?

Lösung:

$\square\square.\square\square\square$ Stück

Aufgabe 19

Wie hoch ist die jährliche Kostenersparnis in EUR, wenn die Geschäftsstelle auf Selbstbedienung umgestellt wird?

Lösung:

$\square.\square\square\square,\square\square$ EUR

5 *Produkt-, Kunden- und Geschäftsstellenkalkulation*

● Produktkalkulation

> **Aufgabenstamm für die Aufgaben 1 bis 4**
>
> Ein Firmenkunde will ein Angebot für einen Kontokorrentkredit über 200.000,00 EUR. Die Anfangs-laufzeit soll 2 Jahre betragen.
>
> Die Standardkosten für den Kreditverkauf betragen einmalig 600,00 EUR. Die jährlichen Stan-dard-Betriebskosten sind mit 800,00 EUR zu veranschlagen.

Aufgabe 1

Mit welchem Standardeinzelkostensatz (Marge) in v. H. müsste das Kreditinstitut kalkulieren?

Lösung:

$$\square\square,\square\square \; \%$$

Aufgabe 2

Das Kreditinstitut will die Standard-Risikokostensätze (Risikomargen) für seine vier Risikogruppen A–D ermitteln. Dazu liegen die folgenden statistischen Daten vor:

Risiko-gruppe	Durchschnittliches Kreditvolumen der letzten 5 Jahre in Mio. EUR	Durchschnittlicher Forderungsausfall der letzten 5 Jahre in Mio. EUR	Durchschnittlicher Forderungsausfall in v. H.	Standard-Risiko-kostensatz in v. H.
A	120	0,00		
B	300	6,00		
C	50	1,50		
D	30	1,80		

Ermitteln Sie die durchschnittlichen Forderungsausfälle in v. H.!

Wie hoch ist der durchschnittliche Forderungsausfall der Risikogruppe C in v. H.?

Lösung:

$$\square\square,\square\square \; \%$$

13 Schuster - ISBN 978-3-8120-1194-5

Aufgabe 3

Risiko-gruppe	Durchschnittliches Kreditvolumen der letzten 5 Jahre in Mio. EUR	Durchschnittlicher Forderungsausfall der letzten 5 Jahre in Mio. EUR	Durchschnittlicher Forderungsausfall in v. H.	Standard-Risiko-kostensatz in v. H.
A	120	0,00	0,00	
B	300	6,00	2,00	
C	50	1,50	3,00	
D	30	1,80	6,00	

Ermitteln Sie die Standard-Risikokostensätze dieser Risikogruppen in v.H.!

Wie hoch ist der Standard-Risikosatz der Risikogruppe D in v. H.?

Lösung:

$$\square\square , \square\square \ \%$$

Aufgabe 4

Für die Ratingklasse des anfragenden Kunden hat das Kreditinstitut einen Eigenkapitalkostensatz (EK-Marge) von 1,5 % p. a. ermittelt.

Für die alternative Anlage am Geld- und Kapitalmarkt könnte ein Zinssatz von 3,5 % p. a. erzielt werden.

Mit welcher Preisuntergrenze in % p. a. könnte das Kreditinstitut in die Kreditverhandlungen gehen, wenn der Kunde der Risikogruppe B zugeordnet wird und die Deckung der Gemeinkosten unberücksichtigt bleiben soll?

Alternativzinssatz für Anlage am GKM		
+ Mindestkonditionenmarge bestehend aus:		
Standardeinzelkostensatz (direkt zurechenbare Betriebskosten) in %		
Risikokostensatz in %		
Eigenkapitalkostensatz in %		
= **Preisuntergrenze Aktivprodukte in %**		

Lösung:

$$\square\square , \square\square \ \%$$

Aufgabenstamm für die Aufgaben 5 bis 7

Die TradeCom GmbH will einen Betriebsmittelkredit über 80.000,00 EUR mit einer Laufzeit von 12 Monaten aufnehmen. Der zuständige Firmenkundenberater will sich auf das Kreditgespräch mit dem Geschäftsführer dieser Gesellschaft vorbereiten. Dazu liegen ihm folgende Informationen vor:

Der Zinssatz für alternative Anlagen am GKM beträgt 2,5 % p.a. Die Standardeinzelkosten sind mit 0,25 % des Kreditbetrages zu veranschlagen. Der Risikokostensatz für diesen Kunden beträgt 0,75 % p.a.; außerdem sind Eigenkapitalkosten mit 1,2 % p.a. zu berücksichtigen.

Üblicherweise berechnet das Kreditinstitut neben den Zinsen eine einmalige Bearbeitungsprovision in Höhe von 0,003 %.

Der Kundenberater der Bank hat die Vorgabe, mindestens die Preisuntergrenze zu erwirtschaften.

Aufgabe 5

Wie hoch ist die Preisuntergrenze in Prozent p.a.?

Lösung:

☐☐,☐☐ %

Aufgabe 6

Der Firmenkundenberater will dem Geschäftsführer einen Zinssatz von 5 % anbieten.

Wie hoch wäre der Deckungsbeitrag III in Euro?

Lösung:

☐.☐☐☐,☐☐ EUR

Aufgabe 7

Der Geschäftsführer der TradeCom GmbH verweist auf ein ihm vorliegendes Konkurrenzangebot mit einem Zinssatz von 4,8 % Zinsen p. a. Außerdem soll der Betriebsmittelkredit ohne Bearbeitungsprovision zur Verfügung gestellt werden.

Entscheiden Sie, ob der Firmenkundenberater ebenfalls diese Konditionen akzeptieren kann, wenn auf jeden Fall noch ein Beitrag zur Deckung der Gemeinkosten erzielt werden soll?

Ermitteln Sie für Ihre Entscheidung zunächst den Deckungsbeitrag III in EUR.

Geben Sie vor den Deckungsbeitrag III eine **1** an, wenn die Konditionen akzeptiert werden können, eine **2**, falls dies nicht der Fall ist.

Lösung:

☐ / ☐.☐☐☐,☐☐ EUR

Aufgabenstamm für die Aufgaben 8 bis 11

Ein Wettbewerber der Kreditbank AG bietet Lohn- und Gehaltsempfängern die kostenlose Kontoführung an, wenn regelmäßige monatliche Eingänge von mindestens 1.000,00 EUR anfallen werden.

Sie sollen überprüfen, ob die Kreditbank AG ein derartiges Angebot mit nur 500,00 EUR regelmäßigen Eingängen unterbreiten soll.

Für ihre Prüfung stehen die folgenden Informationen der Auswertung der bisherigen Lohn- und Gehaltskonten zur Verfügung:

Durchschnittliches Guthaben	2.500,00 EUR
Zinssatz p. a.	0 %
Durchschnittliche Kreditinanspruchnahme	2.000,00 EUR
Zinssatz p. a.	7,5 %

Durchschnittliche Alternativzinssätze p. a. am GKM:

Tagesgeldaufnahme	1 %
Termingeldanlagen	1,5 %

Die Kreditbank AG hat folgende Standardeinzelkostensätze p. a. ermittelt:

Risikokostensatz	0,4 % vom durchschnittlichen Kreditbetrag
Eigenkapitalkostensatz	0,6 % vom durchschnittlichen Kreditbetrag
Standardeinzelkostensatz	0,3 % vom durchschnittlichen Umsatz

Der durchschnittliche Umsatz pro Kunde beträgt jährlich 36.000,00 EUR.

Aufgabe 8

Wie hoch ist der jährliche Deckungsbeitrag I?

Lösung:

☐☐☐ , ☐☐ EUR

Aufgabe 9

Wie hoch ist der jährliche Deckungsbeitrag II?

Lösung:

☐☐☐ , ☐☐ EUR

Aufgabe 10

Wie hoch ist der jährliche Deckungsbeitrag III?

Lösung:

☐☐☐ , ☐☐ EUR

Aufgabe 11

Die Geschäftsleitung der Kreditbank AG verlangt, dass zur Deckung der Gemeinkosten ein Satz von 15 % der Standardeinzelkosten kalkuliert werden müssen.

Ermitteln Sie den Deckungsbeitrag IV. Geben Sie vor dem Ergebnis eine **1** an, wenn trotzdem auf das Konkurrenzmodell eingegangen werden soll, andernfalls eine **2**!

Lösung:

☐ / ☐☐ , ☐☐ EUR

● Kundenkalkulation

Aufgabe 12

Da die Kundin den Wegfall des Kontoführungsentgelts wünscht, soll zunächst der Beitrag dieser Geschäftsverbindung zum Unternehmenserfolg der Kreditbank AG ermittelt werden.

Wie viel EUR beträgt der Deckungsbeitrag I aus dieser Geschäftsverbindung?

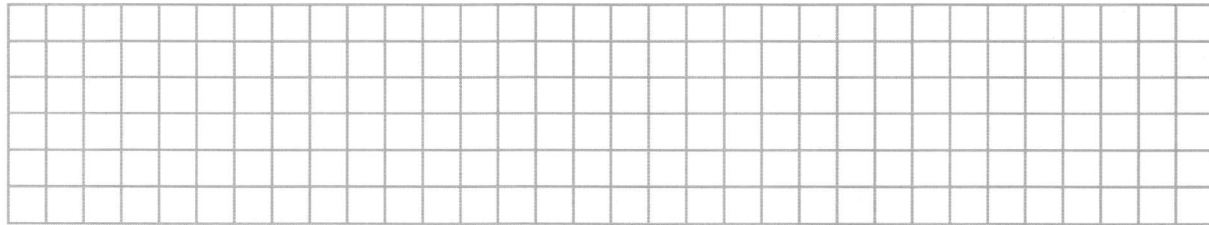

Lösung:

☐☐☐,☐☐ EUR

Aufgabe 13

Ermitteln Sie den Deckungsbeitrag II aus dieser Geschäftsverbindung. Benutzen Sie auch die Tabelle des Aufgabenstamms zur Lösung.

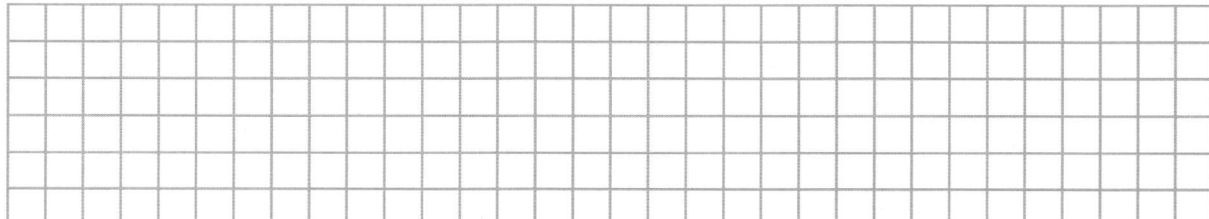

Lösung:

⬜⬜⬜,⬜⬜ EUR

Aufgabe 14

Wie viel EUR beträgt der Deckungsbeitrag III aus dieser Geschäftsverbindung?

Lösung:

⬜⬜⬜,⬜⬜ EUR

Aufgabe 15

Welcher Deckungsbeitrag III ergäbe sich, wenn auf das gesamte Kontoführungsentgelt verzichtet wird?

Lösung:

⬜⬜⬜,⬜⬜ EUR

Aufgabe 16

Bei Konditionenentscheidung müssen Mitarbeiter der Kreditbank AG beachten, dass ein Gemeinkostenzuschlag von 25 % der direkt zurechenbaren Betriebskosten gedeckt werden muss.

Welcher Deckungsbeitrag IV ergibt sich bei den Konditionen der Aufgabe 15 aus der Geschäftsverbindung mit Claudia Lohmeyer?

Lösung:

⬜⬜⬜,⬜⬜ EUR

6 Bankcontrolling als integratives System von Planung, Steuerung und Kontrolle

s. Lehrbuch, Kap. 1

Aufgabe 1

Bringen Sie den Controllingprozess in die richtige Reihenfolge!

1. Entwicklung einer Taktik ☐

2. Festlegen strategischer Geschäftsfelder ☐

3. Formulieren von Maßnahmen ☐

4. Entwickeln, bewerten und auswählen von Strategien ☐

5. Bestimmen von Unternehmenszielen ☐

6. Analysieren der Situation ☐

Aufgabe 2

Ein Instrument der Steuerung der Kreditbank AG ist die Budgetierung.

Bringen Sie den Budgetierungsprozess in die richtige Reihenfolge!

1. Abstimmen des Budgets ☐

2. Vorgabe des Budgets ☐

3. Entwurf des Budgets ☐

4. Kontrolle des Budgets ☐

Aufgabe 3

Die Kreditbank AG hat in ihrem Geschäftsgebiet weitere vier direkte Wettbewerber.

Sie sollen untersuchen, welche Auswirkungen die demografische und technologische Entwicklung im Geschäftsgebiet auf die Wettbewerbssituation der Kreditbank AG haben wird.

Welches Instrument sollten sie zur Situationsanalyse sinnvollerweise einsetzen?

① Regelkreis   ④ Stärken-Schwächen-Analyse

② Chancen-Risiken-Analyse   ⑤ Benchmarking

③ Bilanzanalyse

Lösung: _____

Aufgabe 4

Seit einigen Jahren stellt die Kreditbank AG fest, dass ihr Marktanteil gegenüber den unmittelbaren Wettbewerbern stetig sinkt.

Mit welchem Instrument kann geprüft werden, welche Ursachen zu diesem Rückgang geführt haben könnten?

① Regelkreis   ④ Stärken-Schwächen-Analyse

② Bilanzanalyse   ⑤ Soll-Ist-Vergleich des Budgets

③ Chancen-Risiken-Analyse

Lösung: _____

Aufgabe 5

Das strategische Controlling hat bestimmte Aufgaben zu erfüllen.

Welche Aufgaben gehören dazu?

① Die Segmentierung der Kunden nach Zielgruppen.

② Die Schaltung eines Werbespots für ein neues Finanzprodukt im Radio.

③ Die Auswahl eines Mitarbeiters für das Rechnungswesen.

④ Die Bewertung der vorhandenen Produkte hinsichtlich ihrer zukünftigen Bedeutung.

⑤ Die Schließung einer Zweigstelle wegen fehlender Rentabilität.

⑥ Die Feststellung der Kostenabweichungen im vergangenen Monat.

Lösung: _____

Aufgabe 6

Die Phasen des Planungsprozesses der Kreditbank AG werden durch dieses Schaubild dargestellt:

Visionen (Philosophie)	⇒	Ziele festlegen	⇒	Strategien entwickeln	⇒	Operative Ziele konkretisieren (Maßnahmen zur Zielerreichung und Festlegung der Verantwortung)
1		**2**		**3**		**4**

In welcher dieser vier Phasen kommt die Bankkalkulation (Kosten- und Erlösrechnung) als Controllinginstrument zum Einsatz?

Tragen Sie die Ziffer der richtigen Prozessphase ein!

Aufgabe 7

Die Kreditbank AG hat mit ihren Mitarbeitern Zielvereinbarungen für das nächste Geschäftsjahr getroffen. Sie werden beauftragt, monatlich das Ausmaß der Zielerreichung zu überprüfen.

Mit welchem Instrument können sie diese Aufgabe am besten erfüllen?

① Bilanzanalyse

② Chancen-Risiken-Analyse

③ Stärken-Schwächen-Analyse

④ Soll-Ist-Vergleich des Budgets

⑤ Arbeitsvertragsanalyse

Lösung: _____

© MERKUR VERLAG RINTELN – Schuster

14 Schuster - ISBN 978-3-8120-1194-5

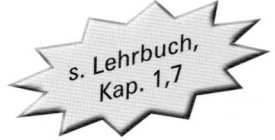

Aufgabenstamm für die Aufgaben 1 bis 3

Sie sollen im Rahmen des Personal-Controllings die Entwicklung der Fehlzeiten der Mitarbeiter analysieren.

Es liegen die folgenden Daten der letzten fünf Jahre vor:

Kriterien \ Jahr	1	2	3	4	5
Mitarbeiter	50	55	56	62	69
Arbeitstage/Jahr	210	205	210	212	215
Arbeitszeit/Tag in Stunden	8	8	8	7,5	7,5
Durchschnittliche Fehltage je Mitarbeiter	15	16	18	20	23
Mitarbeiterstunden Soll	84.000	90.200	94.080	98.580	
Mitarbeiterstunden Ist	78.000	83.160	86.016	89.280	

Aufgabe 1

Wie hoch waren das Mitarbeiterstunden-Soll und das Mitarbeiterstunden-Ist im Jahr 5?

Runden Sie die Ergebnisse kaufmännisch auf die volle Stunde.

Lösung:

☐☐☐.☐☐☐ Mitarbeiterstunden-Soll   ☐☐☐.☐☐☐ Mitarbeiterstunden-Ist

Aufgabe 2

Wie hoch waren die Abweichungen der Ist-Mitarbeiterstunden von den Soll-Mitarbeiterstunden in EUR und in % für das Jahr 5?

Kriterien \ Jahr	1	2	3	4	5
Mitarbeiterstunden-Soll	84.000	90.200	94.080	98.580	111.263
Mitarbeiterstunden-Ist	78.000	83.160	86.016	89.280	99.360
Abweichung in Stunden	6.000	7.040	8.064	9.300	
Abweichung in Prozent	**7,14**	**7,80**	**8,57**	**9,43**	

Lösung:

☐☐☐.☐☐☐ Abweichung in Stunden   ☐☐,☐☐ Abweichung in Prozent

Aufgabe 3

Welche Aussagen über die Entwicklung der Fehltage der Beschäftigten sind zutreffend?

① Prozentual ist seit dem Jahr 1 das Mitarbeiterstunden-Soll schwächer gestiegen als die prozentuale Steigerung der Anzahl der Mitarbeiter.

② Das Mitarbeiterstunden-Ist ist im Jahr 5 um etwa 27 % höher als im Jahr 1.

③ Die Zahl der Mitarbeiter im Jahr 5 ist 19 % höher als im Jahr 1.

④ Der Arbeitsausfall durch Fehltage liegt prozentual im Jahr 5 um 50 % höher als im Jahr 1.

⑤ Einziger Grund für die prozentual geringere Erhöhung des Mitarbeiterstunden-Ist gegenüber dem Mitarbeiterstunden-Soll ist die Verringerung der täglichen Arbeitszeit.

Lösung: _____

Aufgabenstamm für die Aufgaben 4 bis 5

Die Kreditbank AG will den Handel mit Edelmetallen und Münzen intensivieren. Dazu soll ein neuer Mitarbeiter eingestellt werden, der monatlich 6.000,00 EUR kostet. Zusätzlich fallen monatlich weitere 1.400,00 EUR Fixkosten an. Die umsatzabhängigen Kosten werden mit 0,004 % angesetzt.

Die Provisionserlöse betragen 0,05 % vom Umsatz.

Aufgabe 4

Wie viel EUR Umsatz muss der neue Mitarbeiter mindestens monatlich erwirtschaften, damit durch die Erweiterung dieses Handelssegments kein Verlust eintritt?

Runden Sie kaufmännisch das Endergebnis auf zwei Dezimalstellen!

Lösung:

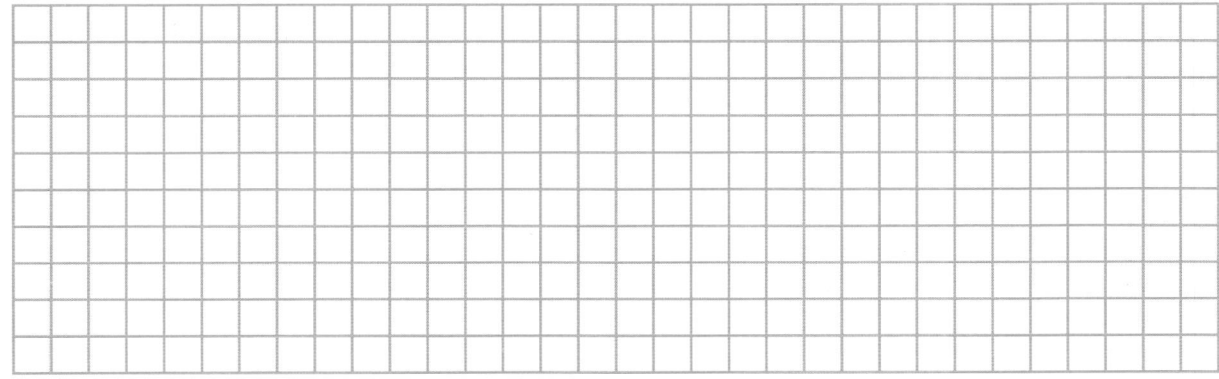 ☐☐☐.☐☐☐,☐☐ EUR

Aufgabe 5

Es ist mit einer Erhöhung der Fixkosten um 10 % zu rechnen.

Um wie viel EUR müsste sich dann der kritische Umsatz erhöhen, damit keine Verluste eintreten? Runden Sie kaufmännisch das Endergebnis auf zwei Dezimalstellen!

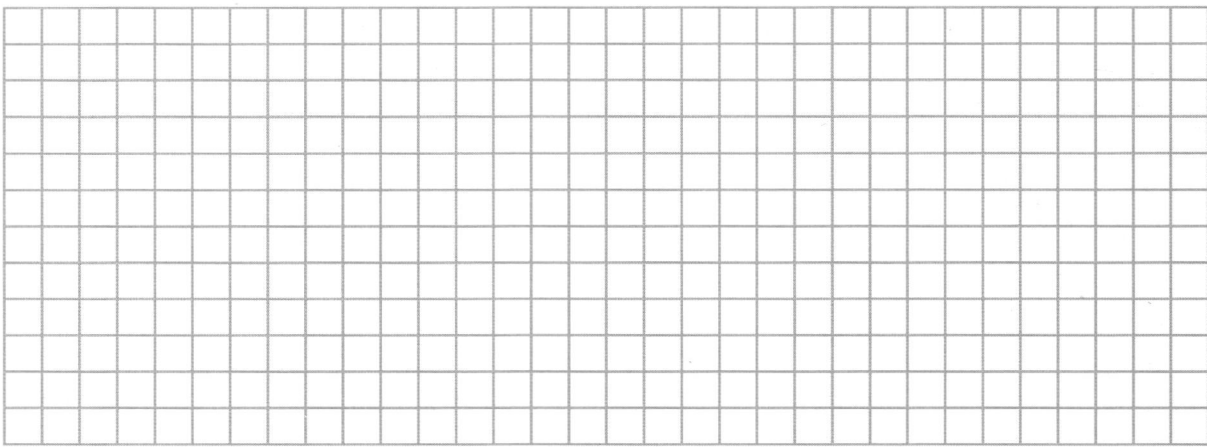

Lösung:

☐☐.☐☐☐,☐☐ EUR

Lernfeld 9: Dokumentierte Unternehmensleistungen auswerten

1 Rücklagen und Ausschüttungspolitik

s. Lehrbuch, Kap. 1

Aufgabe 1

Die Kreditbank AG verfolgt gegenüber ihren Aktionären das Prinzip der Dividendenkontinuität. Was ist darunter zu verstehen?

① Sie schüttet regelmäßig zwischen 20 % und 50 % des Jahrüberschusses als Dividende aus.

② Sie zahlt die Dividende nur aus einbehaltenen Gewinnen früherer Geschäftsjahre aus.

③ Sie schüttet eine gleichbleibende Dividende unabhängig vom tatsächlichen Jahresüberschuss aus.

④ Sie schüttet die Dividende aus dem steuerlichen Einlagekonto der Kapitalgesellschaft aus.

⑤ Sie stellt einen jährlich gleichbleibenden Teil des Betriebsergebnisses für Ausschüttungen bereit.

Lösung: _____

Aufgabenstamm für die Aufgaben 2 bis 7

Es liegen Ihnen von einem Firmenkunden folgende Rohdaten für das Berichtsjahr und einige Vergleichsdaten aus dem Vorjahr vor:

	Berichtsjahr in Mio. EUR	Vorjahr in Mio.EUR
Grundkapital	40	30
Rücklagen		
Kapitalrücklagen	35	25
Gewinnrücklagen		
1. Gesetzliche Rücklage	4	4
2. Andere Gewinnrücklagen	11	11
Gewinnvortrag + / Verlustvortrag –		– 5
Jahresüberschuss + / Jahresfehlbetrag –	10	
Bilanzgewinn + / Bilanzverlust –		
Summe haftendes Eigenkapital		

Aufgabe 2

Wie hoch ist das haftende Eigenkapital dieses Unternehmens am Ende des Berichtsjahres, wenn der Bilanzgewinn nicht ausgeschüttet werden soll?

Lösung: _____

Aufgabe 3

Wie viel Prozent betrug das Aufgeld bei der im Berichtsjahr durchgeführten Kapitalerhöhung?

Lösung: _____

Aufgabe 4

Wie viel Mio. EUR Eigenkapital hat sich diese Gesellschaft im Berichtsjahr durch Außenfinanzierung beschafft?

Lösung: _____

Aufgabe 5

Die Geschäftsleitung der Gesellschaft will Kapitalrücklagen zum Ausgleich des Verlustvortrags heranziehen. Ist das in diesem Falle möglich, wenn nur die gesetzlichen Regelungen gelten sollen?

① Ja, aber nur bis zu einem Betrag von 4 Mio. EUR.

② Ja, aber nur, wenn der Jahresüberschuss nicht zur Ausschüttung einer Dividende genutzt wird.

③ Ja, es ist bis zu einem Betrag von 3,5 Mio. EUR möglich.

④ Ja, es ist in voller Höhe durch eine entsprechende Minderung der Kapitalrücklage möglich.

⑤ Nein, zuerst muss der Jahresüberschuss durch Deckung des Verlustvortrages aus dem Vorjahr herangezogen werden.

Lösung: _____

Aufgabe 6

Während des nächsten Geschäftsjahres beabsichtigt der Vorstand dieser Gesellschaft, eine Kapitalerhöhung aus Gesellschaftsmitteln durch die Umwandlung von Kapitalrücklagen in Grundkapital durchzuführen.

Welcher Betrag in EUR könnte maximal in Grundkapital umgewandelt werden? Geben Sie den Betrag auf volle 100 EUR an.

Lösung:

☐☐.☐☐☐.☐☐☐ EUR

Aufgabe 7

Zwei Jahre später führt diese Gesellschaft eine Kapitalerhöhung aus Gesellschaftsmitteln im Nennwert von 5 Mio. EUR durch.

Zu welcher Veränderung in der Bilanz bzw. zu welcher Aussage führt diese Kapitalerhöhung?

① Aktivtausch

② Passivtausch

③ Aktiv-Passiv-Minderung

④ Aktiv-Passiv-Mehrung

⑤ Die Bilanz wird nicht davon betroffen.

⑥ Es wird zusätzliches Eigenkapital bereitgestellt.

Lösung: _____

Aufgabenstamm für die Aufgaben 8 bis 10

Die IT-Technik AG weist vor der Verwendung des Jahresüberschusses die fclgenden Eigenkapitalposten auf:

	Berichtsjahr in TEUR
Grundkapital	6.000
Rücklagen	
Kapitalrücklagen	300
Gewinnrücklagen	
1. Gesetzliche Rücklage	200
2. Andere Gewinnrücklagen	110
Gewinnvortrag + / Verlustvortrag −	− 5
Jahresüberschuss + / Jahresfehlbetrag −	300
Summe haftendes Eigenkapital	

Aufgabe 8

Ermitteln Sie, welcher Betrag in TEUR noch fehlt, damit keine weiteren Zuführungen zu der gesetzlichen Rücklage erforderlich sind?

Lösung:

☐ . ☐☐☐ TEUR

Aufgabe 9

Welchen Betrag in TEUR hat diese Gesellschaft der gesetzlichen Rücklage zuzuführen?

Es bestehen keine vom AktG abweichenden Regelungen.

Lösung:

☐.☐☐☐ TEUR

Aufgabe 10

Die zuständigen Gremien der Gesellschaft beschließen, einen Bilanzgewinn von 150 TEUR auszu-schütten und den Rest vollständig in die anderen Gewinnrücklagen einzustellen.

Wie hoch ist der Bestand an anderen Gewinnrücklagen nach dieser Zuführung in TEUR?

Lösung:

☐☐☐ TEUR

Aufgabenstamm für die Aufgaben 11 bis 20

Die Ritter AG ist Kundin der Kreditbank AG. Da das Kreditvolumen erhöht werden soll, hat der Finanzvorstand die folgenden Geschäftszahlen für das letzte Geschäftsjahr mitgebracht:

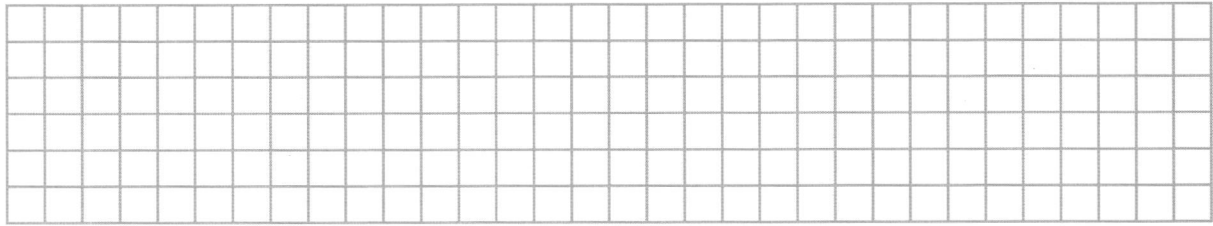

Aktiva	Berichtsjahr in Mio. EUR
Immaterielles Vermögen	30
Sachanlagen	140
Finanzanlagen	20
Summe Anlagevermögen	**190**
Vorräte	**90**
Kurzfristige Forderungen aus Lieferungen und Leistungen	100
Liquide Mittel	40
Summe sonstige kurzfristiges Vermögen	**140**
Summe Umlaufvermögen	**230**
Bilanzsumme	**420**

Passiva	Berichtsjahr in Mio. EUR
Gezeichnetes Kapital	40
Rücklagen	
Kapitalrücklagen	10
Gewinnrücklagen	
1. Gesetzliche Rücklage	4
2. Andere Gewinnrücklagen	26
Gewinnvortrag + / Verlustvortrag –	
Bilanzgewinn + / Bilanzverlust –	5
Summe haftendes Eigenkapital	**85**
Langfristige Bankverbindlichkeiten	160
Pensionsrückstellungen	60
Summe langfristiges Fremdkapital	**220**
Kurzfristige Bankverbindlichkeiten	37
Kurzfristige Verbindlichkeiten aus Lieferungen und Leistungen	70
Kurzfristige Rückstellungen	8
Summe kurzfristiges Fremdkapital	**115**
Bilanzsumme	**420**

Aufbereitung der GuV-Rechnung	Berichtsjahr in Mio. EUR
Umsatzerlöse (netto)	500
Bestandsveränderungen +/–	
andere aktivierte Eigenleistungen +/–	
Gesamtleistung	**500**
– Materialaufwand	280
Rohertrag	**220**
Personalaufwand	105
Pensionsrückstellungen	16
Planmäßige Abschreibungen auf Sachanlagen	25
Betriebssteuern	23
sonstige ordentliche Aufwendungen	30
sonstige ordentliche Erträge	5
Teilbetriebsergebnis	**26**
Zinserträge	8
Zinsaufwendungen	14
Betriebsergebnis	**20**

Der Bilanzgewinn ist als kurzfristiges Fremdkapital anzusehen.

Rechnen Sie auf jeweils zwei Dezimalstellen genau. Bruchteile von Tagen sind aufzurunden.

15 Schuster - ISBN 978-3-8120-1194-5

Aufgabe 11

Ermitteln Sie den Cash-flow in Mio. EUR?

Lösung:

$\square\square$, $\square\square$ Mio. EUR

Aufgabe 12

Ermitteln Sie die Cash-flow-rate in Prozent!

Lösung:

$\square\square$, $\square\square$ %

Aufgabe 13

Ermitteln Sie die Eigenkapitalquote in Prozent!

Lösung:

$\square\square$, $\square\square$ %

Aufgabe 14

Ermitteln Sie die Eigenkapitalrentabilität in Prozent!

Lösung:

$\square\square$, $\square\square$ %

Aufgabe 15

Ermitteln Sie die Gesamtkapitalrentabilität in Prozent!

Lösung:

☐☐,☐☐ %

Aufgabe 16

Ermitteln Sie die Umsatzrentabilität in Prozent!

Lösung:

☐☐,☐☐ %

Aufgabe 17

Wie viel Tage beträgt die durchschnittliche Dauer der den Kunden eingeräumten Lieferantenkredite?

Lösung:

☐☐ Tage

Aufgabe 18

Wie viel Tage nimmt das Unternehmen im Durchschnitt das Lieferantenziel in Anspruch?

Lösung:

☐☐ Tage

Aufgabe 19

Wie hoch ist der Anlagendeckungsgrad I in Prozent?

Lösung:

◻◻◻ , ◻◻ %

Aufgabe 20

Wie hoch ist der Anlagendeckungsgrad II in Prozent?

Lösung:

◻◻◻ , ◻◻ %

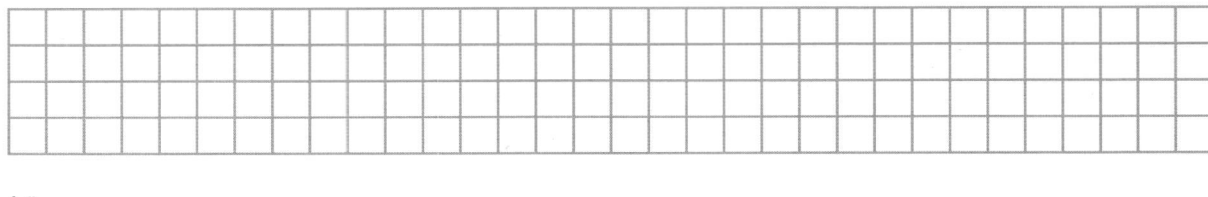

Aufgabenstamm für die Aufgaben 21 bis 28

Jürgen Großmann, e. Kfm., Elektrogroßhändler, beantragt die Erweiterung der Kreditlinie auf seinem Geschäftskonto. Er reicht der Kreditbank AG seine letzte Bilanz ein.

Aktiva	Bilanz zum 31.12.20.. (in Mio. EUR)		Passiva
Anlagevermögen	93	Eigenmittel	68
Umlaufvermögen		Bankverbindlichkeiten	
Vorräte	125	– Darlehen, Restlaufzeit über 1 Jahr	67
Forderungen	211	– Kontokorrentkredit	173
darunter über 1 Jahr 11 Mio.EUR		Verbindlichkeiten geg. Lieferanten	
		darunter über 1 Jahr 10 Mio.EUR	101
Liquide Mittel	24	Rückstellungen (kurzfristig)	44
Summe	453	Summe	453

Weitere Angaben aus der Erfolgsrechnung in Mio. EUR:

Umsatz 1228

Aufwendungen:

Wareneinsatz	958
Personalaufwand	100
Abschreibungen auf Sachanlagen	21
Zinsaufwendungen	18
übrige betriebliche Aufwendungen	104
Steuern vom Einkommen und Ertrag	13
Betriebsergebnis	
Jahresüberschuss	

(Bei der Ermittlung der Kennziffern soll jeweils als „Gewinn" das Betriebsergebnis angesetzt werden!)

Aufgabe 21

Berechnen Sie die Eigenkapitalquote dieses Unternehmens!

Lösung:

$$\square\square,\square\,\%$$

Aufgabe 22

Welchen Anlagendeckungsgrad II hat dieses Unternehmen?

Lösung:

$$\square\square\square,\square\,\%$$

Aufgabe 23

Ermitteln Sie das Betriebsergebnis und den Jahresüberschuss dieses Unternehmens!

Lösung:

Betriebsergebnis $\square\square\square,\square\square$ Mio. EUR

Jahresüberschuss $\square\square\square,\square\square$ Mio. EUR

Aufgabe 24

Wie viel Mio. EUR cash-flow wurde von dem Unternehmen in dem Berichtsjahr erwirtschaftet?

Lösung:

☐☐.☐☐☐ TEUR

Aufgabe 25

Welche Gesamtkapitalrentabilität hat das Unternehmen in diesem Geschäftsjahr erwirtschaftet?

Lösung:

☐☐☐,☐ %

Aufgabe 26

Berechnen Sie die Liquidität II dieses Unternehmens?

Lösung:

☐☐☐,☐ %

Aufgabe 27

Welche Eigenkapitalrentabilität hat dieser Unternehmer erzielt?

Lösung:

☐☐☐,☐ %

Aufgabe 28

Wie hoch war die Umsatzrentabilität dieses Unternehmens im Berichtsjahr?

Lösung:

☐☐☐,☐ %

Lernfeld 3: Unternehmensleistungen erfassen und dokumentieren

1 Grundlagen der Buchführung

Aufgabe 1

Lösung: ④

Die Planungsrechnung ist eine zukunftsbezogene Darstellung möglicher Entwicklungen. Sie enthält Soll-Werte (Plan-Werte). Damit lassen sich Soll-Ist-Vergleiche durchführen, mit deren Hilfe der Grad der Zielerreichung festgestellt werden kann und Plankorrekturen vorgenommen werden können.

Aufgabe 2

Lösung: ③

So in § 238 HGB definiert. Ferner: Sämtliche Geschäftsfälle müssen sich in ihrer Entstehung und Abwicklung verfolgen lassen. Auch Einzelkaufleute, welche die Voraussetzungen des § 241 HGB erfüllen, müssen für die Einnahmen-Überschuss-Rechnung Rechnungsunterlagen aufbewahren.

Aufgabe 3

Lösung: 31. 12. 2022

Die Aufbewahrungspflicht beginnt mit dem Schluss des Kalenderjahres in dem der Jahresabschluss festgestellt wurde. Die Aufbewahrungsfrist beträgt 10 Jahre.

Aufgabe 4

Lösung: ③

Hier kommt ausschließlich die körperliche Bestandsaufnahme in Betracht. Die Kassenbestände müssen gezählt werden.

Aufgabe 5

Lösung: ⑤

Inventurformen:

- Stichtagsinventur: Aufnahme der Bestände an einem Stichtag und zu diesem Stichtag
- Permanente Inventur: Bestände werden aus fortlaufend geführten Dateien entnommen. Mindestens einmal pro Jahr sind die Dateibestände durch körperliche Bestandsaufnahme der Vermögens- und Schuldenposten zu prüfen.
- Zeitlich verlegte Inventur: Die jährliche Bestandsaufnahme erfolgt ganz oder teilweise innerhalb der letzten drei Monate vor oder innerhalb der ersten beiden Monate nach dem Bilanzstichtag.

Aufgabe 6

Lösung: ③

Bei Kreditinstituten wird vorwiegend die buchmäßige Aufnahme der Vermögenswerte und Schuldenwerte erfolgen.

Bei Kreditgenossenschaften mit Warengeschäft kommt auch der körperlichen Bestandsaufnahme größere Bedeutung zu.

Aufgabe 7

Lösung: 12 Monate

Das Geschäftsjahr darf längstens 12 Monate dauern (§ 240 Abs. 2 HGB).

Aufgabe 8

Lösung: ②

Dieses Konto ist ein Bestandskonto. Außerdem ist es auch den Personenkonten zuzuordnen.

Aufgabe 9

Lösung: ① , ③

Aufstellungsgrundsatz (§ 243 HGB):
● Der Jahresabschluss ist nach den Grundsätzen ordnungsgemäßer Buchführung aufzustellen.
● Er muss klar und übersichtlich sein.
● Der Jahresabschluss ist innerhalb einer einem ordnungsmäßigen Geschäftsgang entsprechenden Zeit aufzustellen.

Aufgabe 10

Lösung: ① , ⑤

Es können Abkürzungen verwendet werden. Dabei ist aber sicherzustellen, dass deren Bedeutung eindeutig festliegt.

Auch außerbilanzielle Vorgänge müssen dokumentiert werden.

Das Führen der Handelsbücher in englischer Sprache ist möglich, da es sich um eine lebende Sprache handelt.

Aufgabe 11

Lösung: ③

Aktiva und Passiva erhöhen sich.

Aufgabe 12

Lösung: ① / 3.500,00 EUR

Die Bilanzsumme nimmt um 3.500,00 EUR zu.

Aufgabe 13

Lösung: ①

Die Vermögens- und Schuldenwerte werden durch Inventur festgestellt. Dies geschieht außerhalb des Systems der doppelten Buchführung.

Aufgabe 14

Lösung: ⑤

Die Schlussbilanz entsteht aus der Inventur des laufenden Jahres und dem daraus erstellten Inventar.

Das System der Doppik umfasst das Buchen auf den Konten, und zwar vom Eröffnungsbilanzkonto bis zum Schlussbilanzkonto.

Aufgabe 15

Lösung: ② , ⑥

Während die RechKredV für die Bilanz nur das Formblatt in Kontoform vorgibt, bietet sie für die Gewinn- und Verlustrechnung die Wahl zwischen Kontoform und Staffelform an.

Aufgabe 16

Lösung: ②

Der Kontenrahmen ist am Jahresabschluss orientiert und bietet die Basis für die Erstellung zwischenbetrieblicher Vergleiche.

Er ist am externen, nicht am internen (KER) Rechnungswesen orientiert.

Aufgabe 17

Lösung: ②

Der Kontenrahmen gliedert sich in Kontenklassen. Diese werden wiederum in Kontengruppen, Hauptbuchkonten und Bestands- bzw. Erfolgskonten untergliedert.

Aufgabe 18

Lösung: ② , ⑤

Die Aktivseite weist das Vermögen aus, die Passivseite die Verbindlichkeiten. Das Eigenkapital ist eine Verbindlichkeit gegenüber den Eigentümern.

Aufgabe 19

Lösung: ② , ⑥

Die Aufstellungsgrundsätze sind in § 243 HGB festgelegt. § 244 HGB verlangt die Aufstellung in deutscher Sprache und in Euro. Der Jahresabschluss muss immer vom Kaufmann unter Angabe des Datums unterzeichnet werden.

Aufgabe 20

Lösung: ④ , ⑥

Die übrigen Konten sind passive Bestandskonten.

Aufgabe 21

Lösung: ④ / 3.200,00 EUR

Das Konto von Frau Wesp weist jetzt ein Guthaben von 1.800,00 EUR auf, das Konto des Scheckausstellers ein Guthaben von 5.000,00 EUR. Zusammen ergeben die Kontostände die neue Bilanzsumme von 6.800,00 EUR. Die alte Bilanzsumme betrug 10.000,00 EUR. Die Aktiv- und die Passivseite wurde jeweils um 3.200,00 EUR vermindert.

Aufgabe 22

Lösung:

1. Ein Debitor zahlt auf sein laufendes Konto bar ein. _____ ①
2. Ein Kreditinstitut zahlt Münzen auf sein Bbk-Konto ein. _____ ①
3. Ein Kunde überträgt ein fälliges Guthaben von seinem Termingeldkonto auf sein Sparkonto. _____ ②
4. Ein Kreditor überweist an einen Nichtkunden. Ausführung über Bbk-Konto. _____ ④
5. Ein Kreditor überweist eine Tilgungsrate von seinen lfd. Konto auf sein Darlehenskonto. _____ ④
6. Auf unserem Bbk-Konto geht eine Gehaltsgutschrift für einen Kreditor ein. _____ ③

Aufgabe 23

Provisionserträge	④	
Eröffnungsbilanzkonto	⑤	
Spareinlagen	②	
Abschreibungen auf Sachanlagen	③	
Eigene Wertpapiere	①	
Schlussbilanz	⑥	Kein Konto der Doppik
Gezeichnetes Kapital	⑤	
Geringwertige Wirtschaftsgüter	①	
Fonds für allgemeine Bankrisiken	⑤	
Begebene Schuldverschreibungen	②	
Gewinn- und Verlustrechnung	⑥	Kein Konto der Doppik
Vorsteuer	①	Forderung an das Finanzamt
Kunden-Kontokorrent	① oder ②	Je nach Kontostand aktives oder passives Bestandskonto.

16 Schuster - ISBN 978-3-8120-1194-5

Aufgabe 24

Lösung: ④

Im Lagebericht ist auch über die Geschäftsentwicklung vom Zeitpunkt des Jahresabschlusses bis zu seiner Feststellung zu berichten. Dadurch können bis dahin auch Entwicklungen des laufenden Geschäftsjahres berücksichtigt werden.

Aufgabe 25

Lösung: ③ , ⑤

Die Salden der Erfolgskonten werden zum Bilanzstichtag über das Gewinn- und Verlustkonto ausgebucht. Sie haben daher im folgenden Geschäftsjahr keinen Anfangsbestand.

2 Kunden- und Bankenkontokorrent

Aufgabe 1

S	Abschluss der Kundenkontokorrentkonten (in TEUR)		H
AB Ford. an Kunden lt. Inv.	275.500	AB Verb. geg. Kunden lt. Inv.	482.800
Umsätze Soll	9.660.000	Umsätze Haben	9.457.000
Sollzinsen	2.174	Habenzinsen	176
Buchungsentgelte	3.685	SB Ford. an Kunden lt. Inv.	539.000
SB Verb. geg. Kunden lt. Inv.	**537.617**		
	10.478.976		10.478.976

Aufgabe 2

Nr.	Buchungssätze			Soll EUR	Haben EUR
EB	21	an	801	23.950,00	23.950,00
EB	801	an	21	182.800,00	182.800,00

Aufgabe 3

Nr.	Buchungssätze			Soll EUR	Haben EUR
1	Keine Buchung				
2	11 Bbk	an	21 (Gebauer GmbH)	13.500,00	13.500,00
3	21 (Gebauer GmbH)	an	11 Bbk	1.450,00	1.450,00
4	21 (Schröder OHG)	an	21 (Gebauer GmbH)	2.500,00	2.500,00
5	21 (Gebauer GmbH)	an	10 Kasse	1.500,00	1.500,00
6	21 (Schröder OHG)	an	11 Bbk	20.000,00	20.000,00
7	20 Banken-KK	an	21 (Schröder OHG)	5.400,00	5.400,00

Aufgabe 4

S	Skontro Gebauer GmbH (in EUR)		H
AB Forderungen an Kunden	23.950,00	Umsätze Haben	397.900,00
Umsätze Soll	468.700,00	2. 11 (Bbk)	13.500,00
3. 11 (Bbk)	1.450,00	4. 21 (Kunden-KK)	2.500,00
5. 10 (Kasse)	1.500,00	SB Forderungen an Kunden	81.700,00
	495.600,00		495.600,00

```
S                        Skontro Schröder OHG (in EUR)                        H
```

Umsätze Soll	196.000,00	AB Verbindlichkeiten geg. Kunden	182.800,00
4. 21 (Kunden-KK)	2.500,00	Umsätze Haben	245.700,00
6. 11 (Bbk)	20.000,00	7. 20 (Banken-KK)	5.400,00
SB Verbindlichkeiten geg. Kunden	214.800,00		
	433.900,00		433.900,00

```
S                    HK Kunden-Kontokorrentkonto (in EUR)                    H
```

EBK Forderungen an Kunden	23.950,00	EBK Verbindlichkeiten geg. Kunden	182.800,00
Umsätze	468.700,00	Umsätze	397.900,00
Umsätze	196.600,00	Umsätze	245.700,00
3.	1.450,00	2.	13.500,00
4.	2.500,00	4.	2.500,00
5.	1.500,00	7.	5.400,00
6.	20.000,00	SBK Forderungen an Kunden	81.700,00
SBK Verbindlichkeiten geg. Kunden	214.800,00		
	929.500,00		929.500,00

Nr.	Buchungssätze			Soll EUR	Haben EUR
8	21	an	802	214.800,00	214.800,00
9	802	an	21	81.700,00	81.700,00

Aufgabe 5

Geschäftsfall	Lösung
1.	⓪ Es erfolgt lediglich ein Limit-Vermerk in den Kontounterlagen. Erst die Inanspruchnahme des Kredits führt zu Veränderungen in der Bilanz.
2.	① Das Bbk-Guthaben steigt, die Forderung an den Kunden sinkt. Beides sind Aktivkonten.
3.	① Die Forderung an die Gebauer GmbH steigt, das Bbk-Guthaben sinkt.
4.	④ Das Guthaben der Schröder OHG sinkt, ebenso unsere Forderung an die Gebauer GmbH.
5.	① Der Kassenbestand nimmt ab, die Forderung an die Gebauer GmbH steigt.
6.	④ Das Guthaben bei der Bbk sinkt, ebenso das Guthaben der Schröder OHG.
7.	③ Unsere Forderung an die Korrespondenzbank nimmt zu, ebenso unsere Verbindlichkeit gegenüber der Schröder OHG.

Aufgabe 6

Nr.	Buchungssätze			Soll EUR	Haben EUR
1	11	an	21	854,30	854,30
2	21	an	20	362,50	362,50
3	21	an	11	703,95	703,95
4	20	an	21	2.250,00	2.250,00
5	21	an	21	52,80	52,80

Aufgabe 7

Lösung: ② / 390,05 EUR

S	Kontokorrentkonto Claudia Leder (in EUR)		H
EBK Debitoren	1.595,00	1. Gutschrift Krankenversicherung	854,30
2. Einzug mit Ermächtigung	362,50	4. Gehalt	2.250,00
3. Abhebung Geldautomat	703,59		
5. Überweisung Kerst & Schweitzer	52,80		
SBK Kreditoren	390,05		
	3.104,30		3.104,30

Aufgabe 8

Lösung: ② , ⑥

Lastschriften werden immer im Soll, **Gutschriften** immer im Haben gebucht.

Bei einem Loroskontro zeigt der Sollsaldo die Verbindlichkeit gegenüber, der Habensaldo die Forderung an die Korrespondenzbank an.

Bei einem Nostroskontro ist es umgekehrt, da dieses Skontro spiegelbildlich geführt wird.

Aufgabe 9

Lösung: ① / 26.760.000,00 EUR

S	Abschluss Banken-Kontokorrentkonto (in EUR)		H
EBK (Forderungen an KI)	15.780.000,00	EBK (Verbindlichkeiten geg. KI)	29.850.000,00
Umsätze Soll	245.300.000,00	Umsätze Haben	246.500.000,00
SBK (Verbindlichkeiten geg. KI)	26.760.000,00	SBK (Forderungen an KI)	11.490.000,00
	287.840.000,00		287.840.000,00

3 *Buchungssätze ohne Umsatzsteuer*

Aufgabe 1–10

Aufgaben	Kontierungen		Aufgaben	Kontierungen		Aufgaben	Kontierungen	
1	10	22	5	11	10	9	21	20
					52			
2	20	21	6	22	24	10	21	21
3	23	21	7	21	11			
4	21	11	8	24	22			

4 Buchungssätze mit Umsatzsteuer

Aufgabe 1–10

Aufgaben	Kontierungen	
1	10	21
2	63	21
3	21	50
		52
4	52	21

Aufgaben	Kontierungen	
5	22	21
6	21	52
		40
7	63	11
8	63	
	41	20

Aufgaben	Kontierungen	
9	63	
	41	21
10	22	52
		40

Aufgabe 11

Lösung: ① / 635,55 EUR

S	41 Vorsteuer		H
18	380,00	40	665,00
19	285,00		
	665,00		665,00

S	40 Umsatzsteuer (MWSt)		H
41	665,00	16	4,75
		20	24,70
		802	635,55
	665,00		665,00

Aufgabe 12

Buchungssätze			Soll EUR	Haben EUR
802	an	40	635,55	635,55

5 Belegbuchungen

Aufgabe 1

10	21

Aufgabe 2

22	10

Aufgabe 3

21	21

Aufgabe 4

Nr.	Buchungssätze			Soll EUR	Haben EUR
4	63	an	21	160,65	160,65

6 Bestandteile des Jahresabschlusses und Vorschriften zu dessen Aufstellung

Aufgabe 1

Lösung: ④

Der Jahresabschluss ist nach den Regeln für große Kapitalgesellschaften zu erstellen. Da das Kreditinstitut nicht kapitalmarktorientiert ist, besteht der Jahresabschluss aus Bilanz, Gewinn- und Verlustrechnung und Anhang. Diese drei Bestandteile bilden eine Einheit. Außerdem ist ein Lagebericht zu erstellen.

Aufgabe 2

1. Anhang _____ ①
2. Bilanz _____ ①
3. Eigenkapitalspiegel _____ ①
4. Gewinn- und Verlustrechnung _____ ①

5. Kapitalflussrechnung _____ ①
6. Lagebericht _____ ②
7. Segmentberichterstattung _____ ③

Aufgabe 3

Lösung: ②, ④

Die Gliederung der Jahresbilanz und der Gewinn- und Verlust**rechnung** erfolgt nach Formblättern der Verordnung über die Rechnungslegung der Kreditinstitute und Finanzdienstleistungsinstitute (RechKredV). Diese berücksichtigen auch die Rechtsform der Institute.

Über den Geschäftsverlauf ist im Lagebericht zu berichten; auch über Vorgänge von besonderer Bedeutung, die nach dem Bilanzstichtag eingetreten sind.

Aufgabe 4

Lösung: ②, ④

Kreditinstitute sind unabhängig von ihrer Größe verpflichtet, ihren Jahresabschluss und den Lagebericht prüfen zu lassen.

Die Offenlegung hat unverzüglich nach seiner Vorlage an die Gesellschafter, jedoch spätestens vor Ablauf des zwölften Monats des dem Abschlussstichtag nachfolgenden Geschäftsjahres mit dem Bestätigungsvermerk oder dem Vermerk über dessen Versagung im elektronischen Bundesanzeiger zu erfolgen.

Aufgabe 5

Lösung: ①, ④

Ansatzvorschriften regeln, **was** zu bilanzieren ist. Die Bewertungsvorschriften legen fest, **wie** die Vermögenswerte und Schulden zu bewerten sind.

Geschäftsfälle müssen nach den Grundsätzen ordnungsmäßiger Buchführung einem sachverständigen Dritten nachvollziehbar sein.

Aufgabe 6

Lösung: ①, ⑤

1. Das entspricht dem Grundsatz der Vollständigkeit (§ 246 Abs. 1, Satz 1 HGB).
2. Ist ein Vermögensgegenstand einem anderen wirtschaftlich zuzurechnen, so hat dieser diesen zu bilanzieren.
3. Für Kreditinstitute bestehen Ausnahmeregelungen vom Verrechnungsverbot (§ 340 c HGB; §§ 32, 33 RechKredVO).
4. Die auf den vorhergehenden Jahresabschluss angewandten Ansatzmethoden sind beizubehalten (§ 246 Abs. 3 HGB)
5. Kreditinstitute haben die für die jeweiligen Institute vorgesehenen Formblätter zu verwenden. Diese sind als Anlagen zur RechKredVO erlassen worden.

Aufgabe 7

a) Kaufpreis   15 Mio. EUR
   – Reinvermögen (140 Mio. EUR – 129 Mio. EUR)   11 Mio. EUR
   = Geschäfts- oder Firmenwert (Goodwill)   **4 Mio. EUR**

b) Insgesamt sind **15 Mio. EUR** zu bilanzieren. Davon 11 Mio. EUR unter Beteiligungen und 4 Mio. EUR unter Geschäfts- oder Firmenwert.

Aufgabe 8

Aussagen	Bewertungsgrundsätze
1. Die auf den vorangegangenen Jahresabschluss angewandten Bewertungsmethoden sind beizubehalten.	② Grundsatz der periodengerechten Erfolgsermittlung
2. Aufwendungen und Erträge des Geschäftsjahres sind unabhängig von den Zeitpunkten der entsprechenden Zahlungen im Jahresabschluss zu berücksichtigen.	④ Grundsatz der Bilanzkontinuität
3. Bei der Bewertung ist von der Fortführung der Unternehmenstätigkeit auszugehen.	⑤ Stichtagsprinzip
4. Die Wertansätze der Eröffnungsbilanz müssen mit denen der Schlussbilanz des vorangehenden Geschäftsjahres übereinstimmen.	① Grundsatz der Bewertungsstetigkeit
5. Grundsätzlich ist die Bewertung auf Basis der am Bilanzstichtag geltenden Verhältnisse vorzunehmen.	③ Grundsatz der Betriebsfortführung

7 Ziele der Bewertung nach Handels- und Steuerrecht

Aufgabe 1

Lösung: ② , ⑤

Die Bewertung nach dem Handelsrecht weicht in der Regel von der steuerrechtlichen Bewertung ab. Der Grund hierfür liegt darin, dass durch das Steuerrecht neben dem Ziel der gerechten Besteuerung auch konjunkturelle, gesellschaftliche oder strukturelle Zielsetzungen verfolgt werden können.

Aufgabe 2

Lösung: ③

Steuerliche Bewertungsvorschriften befinden sich im Bewertungsgesetz und dem Einkommensteuergesetz. Das HGB enthält handelsrechtliche Bewertungsvorschriften.

Aufgabe 3

Lösung: ③ , ⑤

Nach dem Grundsatz der Maßgeblichkeit ist die Handelsbilanz Grundlage für die steuerliche Gewinnermittlung. Steuerliche Anpassungen sind erforderlich.

Steuerliche Wahlrechte können in der Handels- und Steuerbilanz unterschiedlich ausgeübt werden.

Steuerliche Aktivierungs- und Passivierungsverbote und Bewertungsvorbehalte führen zu einer Durchbrechung des Grundsatzes der Maßgeblichkeit.

Aufgabe 4

Lösung: ③ , ⑥

Zum Anlagevermögen zählen die Vermögensgegenstände, die länger als ein Geschäftsjahr dem Geschäftsbetrieb dienen sollen.

Aufgabe 5

1. Darlehensforderungen	③	4. Beteiligungen	③
2. Gebäude	②	5. Betriebs- und Geschäftsausstattung	②
3. Geschäfts- oder Firmenwert	①	6. Gemälde	②

8 *Betriebs- und Geschäftsausstattung*

Aufgabe 1

Lösung: ① , ③ , ④ , ⑤

Der Bauplatz ist als unbebautes Grundstück auszuweisen. Die Fahrstuhlanlage gilt als unselbstständiger Gebäudeteil und ist mit dem Gebäude auszuweisen und abzuschreiben.

Die Telefonanlage gilt, ebenso wie z.B. Theken oder Nachttresore, als selbstständiger Gebäudeteil und ist als Betriebsvorrichtung selbstständig abzuschreiben.

Aufgabe 2

Lösung: 6.000,00 EUR

100 % = 75.000,00 EUR
8 % = x EUR

$$x = \frac{75.000,00 \cdot 8}{100} = \underline{6.000,00\ \text{EUR}}$$

Aufgabe 3

Lösung: 82.110,00 EUR

Listenpreis	75.000,00 EUR
– 8 % Rabatt	6.000,00 EUR
= Zieleinkaufspreis	69.000,00 EUR
– 0 % Skonto	0,00 EUR
= Nettoeinkaufspreis	69.000,00 EUR
+ 19 % USt	13.110,00 EUR
= **Einstandspreis**	**82.110,00 EUR**

Aufgabe 4

Lösung: 494,00 EUR

119 % = 3.094,00 EUR
19 % = x EUR

$$x = \frac{3.094,00 \cdot 19}{119} = \underline{494,00\ \text{EUR}}$$

Aufgabe 5

Lösung: 71.600,00 EUR

Listenpreis	75.000,00 EUR
– 8 % Rabatt	6.000,00 EUR
= Ziel-(Netto-)einkaufspreis	**69.000,00 EUR**
+ 19 % USt	13.110,00 EUR
= Einstandspreis	82.110,00 EUR
Nebenkosten	**2.600,00 EUR**
+ 19 % USt	494,00 EUR
= Bruttopreis	3.094,00 EUR

Die Umsatzsteuer kann als Vorsteuer geltend gemacht werden. Sie ist daher kein Teil der Anschaffungskosten.

Finanzierungskosten gehören grundsätzlich nicht zu den Anschaffungskosten.

Aufgabe 6

Nr.	Buchungssätze			Soll EUR	Haben EUR
6	30	und		69.000,00	
	41	an	11	13.110,00	82.110,00

Aufgabe 7

Nr.	Buchungssätze			Soll EUR	Haben EUR
7	30	und		2.600,00	
	41	an	21	494,00	3.094,00

Aufgabe 8

Lösung: 3.798,48 EUR

Listenpreis	3.360,00 EUR
− 5 % Rabatt	168,00 EUR
= Ziel-(Netto-)einkaufspreis	3.192,00 EUR
+ 19 % USt	606,48 EUR
= Einstandspreis	**3.798,48 EUR**

Aufgabe 9

Lösung: 3.722,51 EUR

Listenpreis	3.360,00 EUR
− 5 % Rabatt	168,00 EUR
= Zieleinkaufspreis	3.192,00 EUR
− 2 % Skonto	63,84 EUR
= Nettoeinkaufspreis	3.128,16 EUR
+ 19 % USt	594,35 EUR
= Einstandspreis	**3.722,51 EUR**

Aufgabe 10

Lösung: 14,69 %

Zieleinkaufspreis	3.192,00 EUR
− 2 % Skonto	63,84 EUR
= Nettoeinkaufspreis	3.128,16 EUR
+ 19 % USt	594,35 EUR
= Einstandspreis	3.722,51 EUR

Rechnungsbetrag	3.722,51 EUR	Rechnungsbetrag	3.192,00 EUR
Skontosatz	2 %	Skontosatz	2 %
Skonto in EUR einschl. USt.	74,45 EUR	Skonto in EUR einschl. USt.	63,84 EUR
Zahlungsziel in Tagen	60	Zahlungsziel in Tagen	60
Skontofrist in Tagen	10	Skontofrist in Tagen	10
Effektivverzinsung	**14,69**	Effektivverzinsung	**14,69**

Die Kreditbank AG müsste spätestens nach 60 Tagen bezahlen. Bis zum 10. Tag fallen keine Finanzierungskosten an, da bis dahin 2 % Skonto abgezogen werden können.

Zu finanzieren ist somit der Rechnungsbetrag abzüglich Skonto für 50 Tage.

$$\text{Effektivzins} = \frac{\text{Skontobetrag} \cdot 100 \cdot 360}{(\text{Rechnungsbetrag} - \text{Skonto}) \cdot 50 \text{ Tage}}$$

Effektivzins = **14,69 % p. a.**

© MERKUR VERLAG RINTELN – Schuster

17 Schuster - ISBN 978-3-8120-1194-5

Aufgabe 11

Lösung: 3.722,51 EUR

Die Umsatzsteuer gehört zu den Anschaffungskosten, weil Kreditgeschäfte von der Umsatzsteuer befreit sind.

Aufgabe 12

Nr.	Buchungssätze			Soll EUR	Haben EUR
12	30	an	20	3.722,51	3.722,51

Aufgabe 13

Lösung: 4.198,32 EUR

Die Umsatzsteuer gehört zu den Anschaffungskosten, da wegen der Umsatzsteuerbefreiung der zu erbringenden Leistungen kein Vorsteuerabzug möglich ist.

Die Bowler Bag sind zusammen mit den Notebooks zu aktivieren, da es sich um Spezialanfertigungen handelt. Dadurch sind sie kein selbstständiges Wirtschaftsgut.

Aufgabe 14

Nr.	Buchungssätze			Soll EUR	Haben EUR
14	30	an	11	4.198,32	4.198,32

Aufgabe 15

Lösung: ③ , ④ , ⑥

Der Listenpreis reicht nicht aus. Erforderlich sind die Anschaffungskosten, welche die Nachlässe, Skonto und die Kosten bis zur Inbetriebnahme des Vermögensgegenstandes beinhalten. Finanzierungskosten gehören nicht zu den Anschaffungskosten.

Nicht die maximale, technische Nutzungsdauer, sondern die nach betriebswirtschaftlichen Überlegungen festgestellte Nutzungsdauer ist zu berücksichtigen.

Aufgabe 16

Jahr	Jahresabschreibung	Restbuchwert
1	1.066,11 EUR	2.132,21 EUR
2	1.066,11 EUR	1.066,10 EUR
3	1.066,11 EUR	0,00 EUR

Aufgabe 17

Nr.	Buchungssätze			Soll EUR	Haben EUR
17	65	an	30	1.066,11	1.066,11

Aufgabe 18

Nr.	Buchungssätze			Soll EUR	Haben EUR
18	30	und		7.495,00	
	41	an	21	1.424,05	8.919,05

Aufgabe 19

Nr.	Buchungssätze			Soll EUR	Haben EUR
19	11	an	30	891,90	749,50
		und	41		142,40

Aufgabe 20

Jahr	Jahresabschreibung	Restbuchwert
1	1.124,25 EUR	5.621,25 EUR
2	1.124,25 EUR	4.497,00 EUR
3	1.124,25 EUR	3.372,75 EUR
4	1.124,25 EUR	2.248,50 EUR
5	1.124,25 EUR	1.124,25 EUR
6	1.124,25 EUR	0,00 EUR

Aufgabe 21

Nr.	Buchungssätze			Soll EUR	Haben EUR
21	65	an	30	1.124,25	1.124,25

Aufgabe 22

Lösung: 27.072,50 EUR

= Nettobetrag	22.750,00 EUR
+ 19 % USt	4.322,50 EUR
= Anschaffungskosten	**27.072,50 EUR**

Aufgabe 23

Nr.	Buchungssätze			Soll EUR	Haben EUR
23	30	an	21	27.072,50	27.072,50

Aufgabe 24

Lösung: ② , ⑥

Die Abschreibungsmethode ist unabhängig von der Nutzungsdauer eines Vermögensgegenstandes. Im Handelsrecht soll die Abschreibungsmethode den tatsächlichen Werteverzehr eines Vermögensgegenstandes widergeben. Daraus folgt, dass grundsätzlich alle Abschreibungsmethoden zur Verfügung stehen. Dagegen werden im Steuerrecht bestimmte Abschreibungsmethoden vorgeschrieben. Diese können auch aus Gründen der Steuerpolitik motiviert sein. Sie müssen nicht den tatsächlichen Werteverzehr eines Wirtschaftsgutes widergeben.

Aufgabe 25

Anschaffungswert	27.072,50 EUR
Betriebsgewöhnliche Nutzungsdauer, Jahre	7
Anschaffungsmonat	7
Abschreibungsmethode	linear

Jahr	Jahresabschreibung	Restbuchwert
1	1.933,75 EUR	25.138,75 EUR
2	3.867,50 EUR	21.271,25 EUR
3	3.867,50 EUR	17.403,75 EUR
4	3.867,50 EUR	13.536,25 EUR
5	3.867,50 EUR	9.668,75 EUR
6	3.867,50 EUR	5.801,25 EUR
7	3.867,50 EUR	1.933,75 EUR

Die Abschreibung beginnt in dem Zeitpunkt, in dem der Vermögensgegenstand angeschafft oder hergestellt wurde. Das ist in diesem Fall im Juli. Es kommt nicht auf den Zeitpunkt des Rechnungseingangs oder der Bezahlung an.

Aufgabe 26

Nr.	Buchungssätze			Soll EUR	Haben EUR
26	65	an	30	1.933,75	1.933,75

Aufgabe 27

Lösung: 77.695,10 EUR

Listenpreis	75.000,00 EUR	
– 13 % Rabatt	9.750,00 EUR	
= Zieleinkaufspreis	65.250,00 EUR	
– 2 % Skonto	1.305,00 EUR	
= Nettoeinkaufspreis	63.945,00 EUR	
+ 19 % USt	12.149,55 EUR	
= Einstandspreis	76.094,55 EUR	76.094,55 EUR
Nebenkosten	1.345,00 EUR	
+ 19 % USt	255,55 EUR	
= Bruttopreis	1.600,55 EUR	1.600,55 EUR
Zu überweisen sind		**77.695,10 EUR**

Aufgabe 28

Lösung: 74.593,83 EUR

Anteil der abzugsfähigen Umsatzsteuer 25 %

Nettoeinkaufspreis	63.945,00 EUR	
Vorsteueranteil	3.037,39 EUR	
Umsatzsteueranteil	9.112,16 EUR	
Aktivierungspflichtig		**73.057,16 EUR**
Nebenkosten	1.345,00 EUR	
Vorsteueranteil	63,89 EUR	
Umsatzsteueranteil	191,66 EUR	
Aktivierungspflichtig		**1.536,66 EUR**
Anschaffungskosten		**74.593,82 EUR**
Vorsteuer		3.101,28 EUR

Aufgabe 29

Nr.	Buchungssätze			Soll EUR	Haben EUR
29	30	und		74.593,82	
	41	an	21	3.101,28	77.695,10

Aufgabe 30

Lösung: 31.469,27 EUR

Anschaffungswert	74.593,82 EUR
Abschreibungssatz v. H.	25 %
Anschaffungsmonat	1
Abschreibungsmethode	geometrisch-degressiv

Jahr	Jahresabschreibung	Restbuchwert
1	18.648,46 EUR	55.945,37 EUR
2	13.986,34 EUR	41.959,02 EUR
3	10.489,76 EUR	**31.469,27 EUR**

Aufgabe 31

Lösung: 24.864,62 EUR

Anschaffungswert	74.593,82 EUR
Betriebsgewöhnliche Nutzungsdauer, Jahre	6
Anschaffungsmonat	1
Abschreibungsmethode	linear

Jahr	Jahresabschreibung	Restbuchwert
1	12.432,30 EUR	62.161,52 EUR
2	12.432,30 EUR	49.729,22 EUR
3	12.432,30 EUR	37.296,92 EUR
4	12.432,30 EUR	24.864,62 EUR
5	12.432,30 EUR	12.432,32 EUR
6	12.432,32 EUR	0,00 EUR

Aufgabe 32

Lösung: 10.489,76 EUR

Anschaffungswert	74.593,82 EUR
Abschreibungssatz v. H.	25 %
Betriebsgewöhnliche Nutzungsdauer, Jahre	6
Anschaffungsmonat	1
Abschreibungsmethode	geometrisch-degressiv

Jahr	Jahresabschreibung	Restbuchwert
1	18.648,46 EUR	55.945,37 EUR
2	13.986,34 EUR	41.959,02 EUR
3	**10.489,76 EUR**	31.469,27 EUR
4	10.489,76 EUR	20.979,51 EUR
5	10.489,76 EUR	10.489,76 EUR
6	10.489,76 EUR	0,00 EUR

Aufgabe 33

Lösung: 5.869,26 EUR

Restwert 2. Jahr	41.959,02 EUR
– planmäßige Abschreibung 3. Jahr	10.489,76 EUR
– Restwert 3. Jahr	25.600,00 EUR
= außerplanmäßige Abschreibung 3. Jahr	**5.869,26 EUR**

Aufgabe 34

Lösung: 8.533,33 EUR

	31. 12. des Jahres	Jahresabschreibung	Restbuchwert
	2	13.986,34 EUR	41.959,02 EUR
planmäßige Abschreibung	3	10.489,76 EUR	31.469,26 EUR
außerplanmäßige Abschreibung	3	5.869,26 EUR	25.600,00 EUR
	4	**8.533,33 EUR**	17.066,67 EUR
	5	8.533,33 EUR	8.533,33 EUR
	6	8.533,33 EUR	0,00 EUR

Lösungen

Aufgabe 35

Lösung: 77.101,29 EUR

Listenpreis	68.700,00 EUR	
– 7 % Rabatt	4.809,00 EUR	
= Ziel-(Netto-)einkaufspreis	63.891,00 EUR	
+ 19 % USt	12.139,29 EUR	
= Einstandspreis	76.030,29 EUR	**76.030,29 EUR**
Nebenkosten, netto	900,00 EUR	
+ 19 % USt	171,00 EUR	
= Nebenkosten, brutto	1.071,00 EUR	**1.071,00 EUR**
Zu überweisen sind		**77.101,29 EUR**

Aufgabe 36

Nr.	Buchungssätze			Soll EUR	Haben EUR
36	30	an		64.791,00	
	41	an	21	12.310,29	77.101,29

Aufgabe 37

Lösung: 6.479,10 EUR

Anschaffungswert	64.791,00 EUR
Abschreibungssatz v. H.	
Betriebsgewöhnliche Nutzungsdauer, Jahre	5
Anschaffungsmonat	7
Abschreibungsmethode	linear

Jahr	Jahresabschreibung	Restbuchwert
1	**6.479,10 EUR**	58.311,90 EUR
2	12.958,20 EUR	45.353,70 EUR
3	12.958,20 EUR	32.395,50 EUR
4	12.958,20 EUR	19.437,30 EUR
5	12.958,20 EUR	6.479,10 EUR
6	6.479,10 EUR	0,00 EUR

Aufgabe 38

Lösung: 21.597,00 EUR

Buchwert am Ende des 3. Jahres	32.395,50 EUR
– Abschreibung im 4. Jahr ($^{10}/_{12}$ der Jahresabschreibung)	25.600,00 EUR
= Buchwert am Ende Oktober des 4. Jahres	**21.597,00 EUR**

Aufgabe 39

Lösung: 3.403,00 EUR

Verkaufserlös (ohne USt)	25.000,00 EUR
– Buchwert am Ende Oktober des 4. Jahres	21.597,00 EUR
= Ertrag	**3.403,00 EUR**

Aufgabe 40

Nr.	Buchungssätze			Soll EUR	Haben EUR
40	21	an	30	29.750,00	25.000,00
		und	40		4.750,00
	30	an	551	3.403,00	3.403,00

Aufgabe 41

Lösung: 378,52 EUR

19 % von 1.992,20 EUR = 378,52 EUR.

Aufgabe 42

Nr.	Buchungssätze			Soll EUR	Haben EUR
42	63	an	21	297,50	297,50

Aufgabe 43

Nr.	Buchungssätze			Soll EUR	Haben EUR
43	32	und		1.992,20	
	41	an	21	378,52	2.370,72

Aufgabe 44

Lösung: 1.992,50 : 5 = 398,44 EUR

Die in den USB-Sticks enthaltene Umsatzsteuer ist in den „Anderen Verwaltungsaufwendungen" enthalten.

Aufgabe 45

Nr.	Buchungssätze			Soll EUR	Haben EUR
45	65	an	32	398,44	398,44

Aufgabe 46

Nr.	Wirtschaftsgut	Datum	Bruttobetrag	19 % USt	Nettobetrag
1	Hängeregisterschrank	15.01.	445,00 EUR	71,05 EUR	373,95 EUR
2	Banknotenzähler	17.02.	899,00 EUR	143,53 EUR	755,47 EUR
3	Geldwaage	20.07.	175,00 EUR	27,94 EUR	147,06 EUR
4	Rollcontainer	19.09.	199,00 EUR	31,77 EUR	167,23 EUR
5	Stahlschrank mit Schließfach	11.11.	1.189,00 EUR	189,84 EUR	999,16 EUR
	Summen		2.907,00 EUR	**464,13 EUR**	**2.442,87 EUR**

Aufgabe 47

Lösung: 175,00 EUR

Nur die Geldwaage hat einen Anschaffungswert (ohne USt) bis 150,00 EUR.

Aufgabe 48

Lösung: 2.732,00 : 5 = <u>546,40 EUR</u>

Nr.	Buchungssätze			Soll EUR	Haben EUR
48	65	an	32	546,40	546,40

Aufgabe 49

Nr.	Buchungssätze			Soll EUR	Haben EUR
49	21	an	56	400,00	400,00

Aufgabe 50

Lösung: 819,00 EUR

Die Anschaffungen 1, 3 und 4 können im Jahr der Anschaffung als Aufwand gebucht werden, da deren Anschaffungswert (ohne USt) jeweils 410,00 EUR nicht übersteigt.

Aufgabe 51

Lösung: ②, ③, ④

Baugrundstücke sind unbegrenzt nutzbar. Daher erfolgt auf diese auch keine nutzungsbedingte Abschreibung.

Gleiches gilt für die Beteiligung. Diese ist eine Finanzanlage.

9 *Forderungen gegenüber Kunden*

Aufgabe 1

Lösung: ②, ①, ②, ③

Der Zahlungsverzug des Kunden O. führt nicht zu einer Verschlechterung der Forderung. Die erststellige Grundschuld garantiert der Kreditbank AG mit hoher Wahrscheinlichkeit die Begleichung ihrer Forderung.

Im Falle des Kunden Y ist davon auszugehen, dass mit keinerlei Zahlungseingängen mehr zu rechnen ist. Ein Totalausfall der Forderung ist daher anzunehmen.

Aufgabe 2

Nr.	Buchungssätze			Soll EUR	Haben EUR
2	67	an	21	15.600,00	15.600,00

Aufgabe 3

Nr.	Buchungssätze			Soll EUR	Haben EUR
3	11	an	56	1.500,00	1.500,00

Aufgabe 4

Nr.	Buchungssätze			Soll EUR	Haben EUR
4	11	an	21	8.000,00	8.000,00
	75	an	21	11.000,00	11.000,00
	67	an	21	2.000,00	2.000,00

Aufgabe 5

Nr.	Buchungssätze			Soll EUR	Haben EUR
5	67	an	21	85.000,00	85.000,00

Aufgabe 6

Nr.	Buchungssätze			Soll EUR	Haben EUR
6	75	an	21	120.000,00	120.000,00
	67	an	21	40.000,00	40.000,00

Aufgabe 7

	60 % von 8.300.000,00 EUR	4.980.000,00 EUR
−	Altbestand (3.240.000,00 − 120.000,00)	3.120.000,00 EUR
=	Zuführungsbedarf	**1.860.000,00 EUR**

Aufgabe 8

Nr.	Buchungssätze			Soll EUR	Haben EUR
8	67	an	75	1.860.000,00	1.860.000,00

Aufgabe 9

	Bestand an Forderungen an Kunden (lt. Inventur)	41.370.000,00 EUR
−	Uneinbringliche Forderungen	540.000,00 EUR
−	Zweifelhafte Forderungen	8.300.000,00 EUR
−	Sichere Forderungen	2.250.000,00 EUR
=	Basis für die Ermittlung der Pauschalwertberichtigungen	30.280.000,00 EUR
	davon 0,7 %	211.960,00 EUR
−	Bestand aus dem Vorjahr	180.000,00 EUR
=	**Zuführungsbedarf**	**31.960,00 EUR**

Aufgabe 10

Nr.	Buchungssätze			Soll EUR	Haben EUR
10	67	an	76	31.960,00	31.960,00

Aufgabe 11

	Bestand an Forderungen an Kunden (lt. Inventur)	41.370.000,00 EUR
−	Uneinbringliche Forderungen	540.000,00 EUR
−	Einzelwertberichtigungen auf Forderungen	4.980.000,00 EUR
−	Unversteuerte Pauschalwertberichtigungen	211.960,00 EUR
=	**Aktiva Forderungen an Kunden**	**35.638.040,00 EUR**

Aufgabe 12

Nr.	Buchungssätze			Soll EUR	Haben EUR
12	75	an	21	125.000,00	125.000,00
	67	an	21	125.000,00	125.000,00

© MERKUR VERLAG RINTELN − Schuster

18 Schuster - ISBN 978-3-8120-1194-5

Aufgabe 13

Es besteht kein Zuführungsbedarf zu den Einzelwertberichtigungen. Es liegt ein Überschuss vor.

40 % von 8.760.000,00 EUR	3.504.000,00 EUR
Bestand aus dem Vorjahr (4.150.000,00 – 125.000,00)	4.025.000,00 EUR
Zuführungsbedarf (Überschuss)	**521.000,00 EUR**

Aufgabe 14

Nr.	Buchungssätze			Soll EUR	Haben EUR
14	75	an	55	521.000,00	521.000,00

Aufgabe 15

Bestand an Forderungen an Kunden (lt. Inventur)	63.220.000,00 EUR
– Uneinbringliche Forderungen	250.000,00 EUR
– Einzelwertberichtigte Forderungen	8.760.000,00 EUR
– Sichere Forderungen	2.870.000,00 EUR
= Forderungen an Kunden	51.340.000,00 EUR
davon 0,5 %	256.700,00 EUR
– Bestand aus dem Vorjahr	225.000,00 EUR
= **Zuführungsbedarf zu den unversteuerten Pauschalwertberichtigungen**	**31.700,00 EUR**

Aufgabe 16

Nr.	Buchungssätze			Soll EUR	Haben EUR
16	67	an	76	31.700,00	31.700,00

Aufgabe 17

Lösung: 22.900,00 EUR

Die Einzelwertberichtigungen erscheinen nicht auf dem Kontoauszug des Kunden. Nur bankintern kann die Höhe der Einzelwertberichtigung festgestellt werden.

Aufgabe 18

Lösung: 197.880 TEUR

Der durchschnittliche Forderungsausfall wird aus dem Durchschnitt des tatsächlichen Forderungsausfalls der dem Bilanzstichtag vorausgehenden **fünf Wirtschaftsjahre** errechnet. Hier die Jahre (1) bis (5).

Aufgabe 19

Lösung: 118.728 TEUR

Der maßgebliche Forderungsausfall errechnet sich aus dem durchschnittlichen Forderungsausfall abzüglich 40 %, maximal dem Betrag der Einzelwertberichtigungen am Bilanzstichtag.

Aufgabe 20

Lösung: 7.840,20 TEUR

Das durchschnittliche risikobehaftete Kreditvolumen aus dem Durchschnitt der risikobehafteten Kredite für die dem Bilanzstichtag vorangehenden **fünf Bilanzstichtage** ermittelt. Hier die Bilanzstichtage (2) bis (6).

Aufgabe 21

Lösung: 1,514 %

$$\text{v. H.-Satz} = \frac{\text{maßgeblicher Forderungsausfall} \cdot 100}{\text{durchschnittliches risikobehaftetes Kreditvolumen}}$$

Aufgabe 22

Lösung: 88,7658 TEUR

Der Pauschalwertberichtigungssatz wird auf das um den Gesamtbetrag der einzelwertberichtigten Forderungen verminderte risikobehaftete Kreditvolumen zum Bilanzstichtag angewendet.

Aufgabe 23

Der Zuführungsbedarf ist die Differenz der zu bildenden unversteuerten Pauschalwertberichtigung abzüglich des Altbestandes an unversteuerten Pauschalwertberichtigungen.

Buchungssätze			Soll TEUR	Haben TEUR
67	an	76	23,2519 TEUR	23,2519 TEUR

10 *Eigene Wertpapiere*

Aufgabe 1

1. Die Kreditbank AG kauft für 5 Mio. EUR Anleihen der Industrie AG, um die Zinsstruktur zu verbessern und kurzfristigen Kapitalbedarf decken zu können. ③

2. Der Vorstand der Kreditbank AG beschließt 3 % des Aktienkapitals der IT-Service AG zu erwerben. Dadurch soll das Mitspracherecht an diesem Gemeinschaftsunternehmen mehrerer Finanzdienstleistungsinstitute gesichert werden. ①

3. Die Kreditbank AG kauft im Rahmen der Vermögensverwaltung für einen Kunden Aktien im Wert von 145.000,00 EUR. ④

4. Die Kreditbank AG kauft für 3 Mio. EUR öffentliche Anleihen, um langfristige Termineinlagen von Kunden fristenkongruent abzusichern. ③

5. Die Kreditbank AG übernimmt von der Industrie AG neu emittierte Aktien. Diese sollen unter Ausschluss des gesetzlichen Bezugsrechts der Altaktionäre je nach Marktlage platziert werden. ②

Aufgabe 2

Nr.	Buchungssätze			Soll EUR	Haben EUR
2	121	und		474.000,00	
	61	an	11	500,00	474.500,00

Aufgabe 3

Lösung: DEK 238,00 EUR

Skontro XY AG											
Schluss-tag	Kurs/ Preis EUR	DEK	Stück			Kurswert		Saldo Bestand EUR	Kurs-gewinn EUR	Kurs-verlust EUR	Saldo EUR
			Zugang	Abgang	Bestand	Soll EUR	Haben EUR				
AB		240,000			2200			528000,00			
13.01.	237,00	238,435	2400		4600	568.800,00	0,00	1096800,00	0,00	0,00	0,00
22.03.	237,00	238,000	2000		6600	474000,00	0,00	1570800,00	0,00	0,00	0,00

Aufgabe 4

Lösung: ① / 9.800,00 EUR

Skontro XY AG											
Schluss-tag	Kurs/ Preis EUR	DEK	Stück			Kurswert		Saldo Bestand EUR	Kurs-gewinn EUF	Kurs-verlust EUR	Saldo EUR
			Zugang	Abgang	Bestand	Soll EUR	Haben EUR				
AB		240,000			2200			528000,00			
13.01.	237,00	238,435	2400		4600	568.800,00	0,00	1096800,00	0,00	0,00	0,00
22.03.	237,00	238,000	2000		6600	474000,00	0,00	1570800,00	0,00	0,00	0,00
03.10.	242,00	238,000		2450	4150	0,00	583100,00	987700,00	9800,00	0,00	9800,00

Aufgabe 5

Nr.	Buchungssätze			Soll EUR	Haben EUR
5	20	an	121	592.900,00	583.100,00
		an	53		9.800,00

Aufgabe 6

Lösung: ⑤

Kreditinstitute können bei Wertpapieren des Anlagevermögens Abschreibungen auf den niedrigeren Wert am Bilanzstichtag vornehmen, wenn die Wertminderung nicht dauernd ist (§§ 253 Abs. 3 Satz 4; 340 e Abs. 1 Satz 3 HGB). Maximal können die durchschnittlichen Anschaffungskosten angesetzt werden. Es gilt das gemilderte Niederstwertprinzip.

Aufgabe 7

Nr.	Buchungssätze			Soll EUR	Haben EUR
7	66	an	121	8.300,00	8.300,00

Aufgabe 8

Lösung: DEK 104,30 EUR

$(5.215.000,00 : 5.000.000,00) \cdot 100 = \underline{104,30\%}$

Aufgabe 9

Lösung: 34.000,00 EUR

$(106,00 - 104,30) \cdot 20.000,00 = \underline{34.000,00 \text{ EUR}}$

Aufgabe 10

Lösung: 26.320,14 EUR

Zinstage act./act. Der 15.09. wird mit verzinst, daher 16 Tage Sept. + 31 Tage Okt. + 30 Tage Nov. + 31 Tage Dez. = 108 Zinstage.

$$\text{Stückzinsen} = \frac{3.000.000,00 \cdot 3 \cdot 108}{100 \cdot 365} = \underline{26.630,14 \text{ EUR}}$$

Aufgabe 11

Lösung: 3.114.000,00 EUR

Es ist das strenge Niederstwertprinzip anzuwenden, da der Kursrückgang laufzeitbedingt ist. Eine Kurssteigerung ist wegen der baldigen Rückzahlung der Anleihe zu pari nicht anzunehmen.

3.000.000,00 EUR nominal Anleihe zu 103,80 = 3.114.000,00 EUR

Aufgabe 12

Nr.	Buchungssätze			Soll EUR	Haben EUR
12	66	an	121	15.000,00	15.000,00

Aufgabe 13

Lösung: 3.140.630,14 EUR

Wert der Anleihe zum Bilanzstichtag	3.114.000,00 EUR
+ Stückzinsen	24.630,14 EUR
= **Bilanzausweis**	**3.140.630,14 EUR**

Aufgabe 14

Lösung: 239,00 EUR

Soll				BASF AG				Haben
	Stück	Kurs EUR/Stück	Kurswert EUR			Stück	Kurs EUR/Stück	Kurswert EUR
15.01.	1 000	243,00	243.000,00	05.11.		2 600	243,00	631.800,00
23.01.	1 400	235,00	329.000,00					
22.01.	1 600	240,00	384.000,00					
	4 000	**239,00**	**956.000,00**					

Aufgabe 15

Lösung: 10.400,00 EUR

Verkaufskurs – DEK = Kursgewinn pro Stück

Verkaufte Menge · Kursgewinn = realisierter Kursgewinn
    2.600   ·   4,00   =   10.400,00 EUR

Aufgabe 16

Nr.	Buchungssätze			Soll EUR	Haben EUR
16	122	an	53	10.400,00	10.400,00

Aufgabe 17

Nr.	Buchungssätze			Soll EUR	Haben EUR
17	66	an	122	4.900,00	4.900,00

Aufgabe 18

Lösung: 334.600,00 EUR

Für eigene Wertpapiere der Liquiditätsreserve gilt das strenge Niederstwertprinzip. Sie dürfen daher höchstens mit den durchschnittlichen Anschaffungskosten bzw. einem niedrigeren Marktwert angesetzt werden.

In diesem Falle:

Menge	DEK	Bilanzwert
1 400	239,00	334.600,00 EUR

Aufgabe 19

Lösung: 101,30

(5.064.750,00 : 5.000.000,00) · 100 = 101,295 (gerundet 101,30).

Aufgabe 20

Lösung: 10.684,93 EUR

$$\text{Stückzinsen} = \frac{5.000.000 \cdot 1 \cdot 78}{100 \cdot 365} = \underline{10.684,93 \text{ EUR}}$$

Aufgabe 21

Nr.	Buchungssätze			Soll EUR	Haben EUR
21	25	an	51	10.684,93	10.684,93

Aufgabe 22

Nr.	Buchungssätze			Soll EUR	Haben EUR
22	66	an	122	14.750,00	14.750,00

Aufgabe 23

Lösung: 5.060.684,93 EUR

Wert der Anleihe zum Bilanzstichtag (NWP)	5.050.000,00 EUR
+ Stückzinsen	10.684,93 EUR
= **Bilanzausweis**	**5.060.684,93 EUR**

Aufgabe 24

Lösung: 90,85 EUR

$$\text{DEK} = \frac{\text{Summe der Anschaffungskosten}}{\text{Summe der gekauften Stück}} \qquad \text{DEK} = \frac{617.000,00}{6.800} = 90,85 \text{ EUR}$$

Aufgabe 25

Lösung: 92,72 EUR

$$\text{DVK} = \frac{\text{Summe der Bruttoerlöse}}{\text{Summe der verkauften Stück}} \qquad \text{DVK} = \frac{231.800,00}{2.500} = 92,72 \text{ EUR}$$

Aufgabe 26

Lösung: Realisierte Kursgewinne 4.675,00 EUR

Realisierter Erfolg = (DVK − DEK) · verkaufte Menge
Wenn das Ergebnis positiv ist, liegen realisierte Kursgewinne vor, falls negativ, realisierte Kursverluste.
Realisierte Kursgewinne = (92,72 − 90,85) · 2.500 = **4.675,00 EUR**.

Aufgabe 27

Lösung: 22.145,00 EUR

Nicht realisierter Kursgewinn = Bewertungsgewinn pro Stück · Schlussbestand in Stück
Nicht realisierter Kursgewinn = (96,00 − 90,85) · 4.300 = 22.145,00 EUR

Aufgabe 28

a) 2 % von 96,00 EUR = 1,92 EUR Risikoabschlag pro Stück.

b) 4.300 · 1,92 = 8.256,00 EUR Risikoabschlag insgesamt.

Aufgabe 29

Lösung: 412.800,00 EUR

Marktwert = Beizulegender Zeitwert · Schlussbestand in Stück
Marktwert = 96,00 · 4.300,00 = 412.800,00 EUR

Aufgabe 30

Lösung: 404.544,00 EUR

Beizulegender Zeitwert (Marktpreis)	96,00 EUR
− 2 % Risikoabschlag	1,92 EUR
= **Bilanzkurs**	**94,08 EUR**

Bilanzwert = Bilanzkurs · Schlussbestand in Stück
Bilanzwert = 94,08 · 4.300,00 = 404.544,00 EUR

Aufgabe 31

Lösung: 213.000,00 : 3.000 = <u>71,00 EUR</u>

Aufgabe 32

Lösung: ② / 1.700,00 EUR

Der Kursverlust pro Stück beträgt 1,00 EUR.

1.700,00 · 1,00 = <u>1.700,00 EUR</u>

Aufgabe 33

Nr.	Buchungssätze			Soll EUR	Haben EUR
33	66	an	123	1.300,00	1.300,00

Die Abschreibung auf den niedrigeren Marktpreis ist zwingend erforderlich.

Aufgabe 34

Lösung: 0,70 · 1.300 = <u>910,00 EUR</u>

Marktpreis 31.12.   70,00 EUR
davon 1 % Risikoabschlag   0,70 EUR

Der Risikoabschlag dient nicht der Abbildung von bilanziellen Wertbelastungen am Abschlussstichtag. Diese Wertrisiken sind bereits durch die erforderliche Abschreibung auf den niedrigeren Zeitwert berücksichtigt.

Im Risikoabschlag wird der Verlust durch das latente Ausfallrisiko abgebildet, der mit einer vorgegebenen Wahrscheinlichkeit innerhalb einer bestimmten Haltedauer des Finanzinstruments in Zukunft nicht überschritten wird.

Aufgabe 35

Lösung: 91.000,00 EUR

Marktpreis · Menge = Marktwert
  70,00   ·   1.300 = 91.000,00 EUR

Aufgabe 36

Lösung: 90.090,00 EUR

(Marktpreis – Risikoabschlag) · Menge = Bilanzwert
   (70,00 – 0,70)   ·   1.300 = 90.090,00 EUR

Aufgabe 37

Lösung: 39.500,00 EUR

	Zinserträge aus WP des Handelsbestandes (HB)	3.500,00 EUR
–	Zinsaufwendungen für WP (HB)	1.400,00 EUR
–	Provisionsaufwendungen (HB)	1.000,00 EUR
+	Provisionserträge (HB)	6.000,00 EUR
+	realisierte Kursgewinne (HB)	31.500,00 EUR
–	realisierte Kursverluste (HB)	5.400,00 EUR
+	Bewertungserträge (HB)	9.450,00 EUR
–	Risikoabschlag (HB)	3.150,00 EUR
=	**Handelsergebnis(Nettoertrag)**	**39.500,00 EUR**

Aufgabe 38

Lösung: Zuführung 10 % des Handelsergebnisses = 3.950,00 EUR

Aufgabe 39

Nr.	Buchungssätze			Soll EUR	Haben EUR
39	771	an	77	3.950,00	3.950,00

11 Instrumente der Risikovorsroge

Aufgabe 1

Lösung: ② , ⑥

Die übliche Abnutzung der Geschäftsräume reicht nicht, um eine Rückstellung bilden zu dürfen.

Für normale Ersatzbeschaffungen dürfen keine Rückstellungen gebildet werden.

Aufgabe 2

Lösung: 28.277,88 EUR

$$K_1 = 30.000,00 \cdot \frac{1}{1,03^2} = \underline{28.277,88 \text{ EUR}}$$

Aufgabe 3

Lösung: $K_2 = 29.126,21$ EUR
$K_3 = 30.000,00$ EUR

$$K_2 = 30.000,00 \cdot \frac{1}{1,03^1} = \underline{29.126,21 \text{ EUR}}$$

$$K_3 = 30.000,00 \text{ EUR}$$

Aufgabe 4

Nr.	Buchungssätze			Soll EUR	Haben EUR
4	68	an	74	30.000,00	30.000,00
	74	an	56	1.722,12	1.722,12

Aufgabe 5

Nr.	Buchungssätze			Soll EUR	Haben EUR
5	60	an	74	848,34	848,34
	60	an	74	873,78	873,78

Die Aufzinsungsbetrag ist ein zinsähnlicher Aufwand.

Aufgabe 6

Nr.	Buchungssätze			Soll EUR	Haben EUR
6	74	an	21	30.000,00	28.900,00
		und	56		1.100,00

Aufgabe 7

Lösung: 102.950 TEUR

Forderungen an Kreditinstitute	35.450 TEUR
+ Forderungen an Kunden	64.520 TEUR
+ Wertpapiere der Liquiditätsreserve	2.980 TEUR
= Bemessungsgrundlage für Vorsorgereserve nach § 340 f HGB	**102.950 TEUR**

Von den übrigen Beständen darf keine Vorsorgereserve nach § 340 f HGB gebildet werden.

Aufgabe 8

Lösung: 4.118 TEUR

Bemessungsgrundlage für Vorsorgereserve nach § 340 f HGB	102.950 TEUR
davon 4 %	4.118 TEUR

Aufgabe 9

Lösung: ③

Der Anteil der offenen Rücklagen am Grundkapital beträgt vor einer Gewinnzuführung zu diesen 9,4 v. H. Erst mit dem Erreichen der Grenze von 10 v. H. entfällt die Pflicht zur weiteren Dotierung der gesetzlichen Rücklagen.

Aufgabe 10

Lösung: 114.250,00 EUR

5 % aus dem um den Verlustvortrag aus dem Vorjahr geminderten Jahresüberschuss.

Jahresüberschuss	2.445.000,00 EUR
Gewinnvortrag aus Vorjahr	0,00 EUR
Verlustvortrag aus Vorjahr	160.000,00 EUR
Zuführungspflicht pro Jahr 5 %	
Zuführung maximal	114.250,00 EUR

Aufgabe 11

Lösung: 9,86 %

Grundkapital	25.000.000,00 EUR
Gesetzliche Rücklage	1.114.250,00 EUR
Kapitalrücklagen	1.350.000,00 EUR

$$\frac{100\% = 25.000.000,00 \text{ EUR}}{x\% = 2.464.250,00 \text{ EUR}} \qquad x = 9,857\%; \text{ gerundet } 9,86\%.$$

© MERKUR VERLAG RINTELN – Schuster

19 Schuster - ISBN 978-3-8120-1194-5

Lernfeld 8: Kosten und Erlöse ermitteln und beeinflussen

1 Grundbegrife der Kosten- und Erlösrechnung der Kreditinstitute

Aufgabe 1

Lösung: ①

Es erfolgt ein Zahlungsmittelabfluss, d.h. eine Auszahlung.

Aufgabe 2

1.	10.000,00 EUR	3.	10.000,00 EUR	5.	10.000,00 EUR
2.	0,00 EUR	4.	0,00 EUR	6.	0,00 EUR

Es ist eine Auszahlung, da täglich verfügbare Bankguthaben abfließen.

Es ist eine Ausgabe, da sich das Geldvermögen vermindert.

Es ist ein (außerordentlicher) Aufwand, da Sachmittel verbraucht werden.

Aufgabe 3

1.	77.000,00 EUR	3.	0,00 EUR	5.	0,00 EUR
2.	0,00 EUR	4.	77.000,00 EUR	6.	0,00 EUR

In der Betriebsbuchhaltung sind die Depotentgelte Grundkosten (aufwandsgleiche Kosten), da diese einen betriebsbedingten Werteverzehr verursachen.

In der Finanzbuchhaltung sind es Zweckaufwendungen (kostengleiche Aufwendungen), da sie der betrieblichen Leistungserstellung dienen.

Die Umsatzsteuer ist nur ein durchlaufender Posten.

Aufgabe 4

① 5	② 2	③ 1	④ 3	⑤ 3	⑥ 2

Erst bei der Abschreibung des Kontoauszugsdruckers entstehen Kosten des Betriebsbereichs.

Aufgabe 5

Lösung: ① , ③ , ⑤ , ⑥

Der Distraktor ② ist ein Entgelt für Zinsen. Der Distraktor ④ betrifft den Ausfall von Kapitalforderungen. In beiden Fällen ist der Wertbereich betroffen.

Aufgabe 6

Lösung: ③

Überziehungsprovisionen sind z.B. Entgelte für die Bereitstellung von Kapital. Daher sind diese den Wertleistungen zuzuordnen.

In der Bankkostenrechnung werden grundsätzlich Wert- und Betriebsleistungen getrennt.

Aufgabe 7

Lösung: ③ , ⑤

Die Umsatzprovision und Postenentgelte sind Entgelte für Betriebsleistungen, z.B. das Vorhalten von IT-Kapazitäten.

Aufgabe 8

1. ③ Gehälter sind in der Regel aufwandsgleiche Kosten, also Grundkosten.
2. ⑦ Kosten wären z.B. die Transferkosten oder anteilige Personalkosten.
3. ③ Die an die Kontoinhaber gezahlten Zinsen sind aufwandsgleiche Kosten.
4. ⑦ Die Tilgung selbst ist kein Kostenfaktor. Dagegen die Buchungs- und Bearbeitungskosten.
5. ⑤ ⑥ Die Zinsvergünstigungen Zusatzerlöse (kalkulatorische Erlöse), denen keine Zweckerträge gegenüber stehen. Gleichzeitig sind die Zinsvergünstigungen als (Personal-)Zusatzkosten zu erfassen.

Aufgabe 9–13

Jahr	Bilanzmäßige Abschreibungen	Kalkulatorische Abschreibungen	Zweckaufwand = Grundkosten	neutraler Aufwand	Zusatzkosten
1	3.600,00 EUR	2.500,00 EUR	2.500,00 EUR	1.100,00 EUR	0,00 EUR
2	3.600,00 EUR	2.500,00 EUR	2.500,00 EUR	1.100,00 EUR	0,00 EUR
3	3.600,00 EUR	2.500,00 EUR	2.500,00 EUR	1.100,00 EUR	0,00 EUR
4	3.600,00 EUR	2.500,00 EUR	2.500,00 EUR	1.100,00 EUR	0,00 EUR
5	3.600,00 EUR	2.500,00 EUR	2.500,00 EUR	1.100,00 EUR	0,00 EUR
6	0,00 EUR	2.500,00 EUR	0,00 EUR	0,00 EUR	2.500,00 EUR

Aufgabe 14–18

Jahr	Bilanzmäßige Abschreibungen	Kalkulatorische Abschreibungen	Zweckaufwand = Grundkosten	neutraler Aufwand	Zusatzkosten
1	14.000,00 EUR	19.250,00 EUR	14.000,00 EUR	0,00 EUR	5.250,00 EUR
2	14.000,00 EUR	19.250,00 EUR	14.000,00 EUR	0,00 EUR	5.250,00 EUR
3	14.000,00 EUR	19.250,00 EUR	14.000,00 EUR	0,00 EUR	5.250,00 EUR
4	14.000,00 EUR	19.250,00 EUR	14.000,00 EUR	0,00 EUR	5.250,00 EUR
5	14.000,00 EUR	0,00 EUR	0,00 EUR	14.000,00 EUR	0,00 EUR

Aufgabe 19

Lösung: 69.600,00 EUR

Die Kraftstoffkosten sind als variable Kosten anzusehen. Alle anderen Kosten fallen unabhängig von der Nutzung der Kraftfahrzeuge an und sind damit fix.

Aufgabe 20

Lösung: ① , ③ , ⑥

In den Fällen ① , ③ und ⑥ lassen sich die Kosten direkt einem bestimmten Baudarlehen zuordnen.

In den anderen Fällen ist eine Zuordnung der Kosten nur pauschal möglich, da kein direkter Zusammenhang der Kosten mit einem bestimmten Darlehen besteht.

Auch bei der internen Revision erfolgt die Auswahl der zu prüfenden Darlehen nach statistischen Verfahren.

Aufgabe 21

Lösung: ② , ④ , ⑤

Die Kosten in den Fällen ② , ④ und ⑤ fallen nicht ausschließlich für Firmenkunden an. Sie sind daher als Stellengemeinkosten anteilig auf verschiedene Kostenstellen umzulegen.

Die übrigen Kosten betreffen ausschließlich die Firmenkunden. Es sind daher Stelleneinzelkosten.

2 Gesamtbetriebskalkulation auf Basis der GuV

Aufgabe 1

Lösung: 4,17 %

$$\text{Bruttozinsspanne} = \frac{\text{Zinsüberschuss} \cdot 100}{\text{Bilanzsumme}} = \frac{125 \cdot 100}{3.000} = \underline{\mathbf{4,17\,\%}}$$

Aufgabe 2

Lösung: 2,00 %

$$\text{Provisionsspanne} = \frac{\text{Provisionsüberschuss} \cdot 100}{\text{Bilanzsumme}} = \frac{60 \cdot 100}{3.000} = \underline{\mathbf{2,00\,\%}}$$

Aufgabe 3

Lösung: 6,17 %

Bruttozinsspanne	4,17 %
+ Provisionsspanne	2,00 %
+ Handelsspanne (Handelsergebnis)	0,00 %
+ Sonstige Ertragsspanne	0,00 %
= **Bruttoertragsspanne**	**6,17 %**

Aufgabe 4

Lösung: 3,17 %

Personalaufwandsspanne	1,83 %
+ Sachaufwandsspanne	1,33 %
= **Bruttobedarfsspanne**	**3,17 %**

oder

$$\text{Bruttobedarfsspanne} = \frac{\text{Verwaltungsaufwand} \cdot 100}{\text{Bilanzsumme}} = \frac{(55 + 30 + 10) \cdot 100}{3.000} = \underline{\mathbf{3,17\,\%}}$$

Aufgabe 5

Lösung: 0,67 %

$$\text{Bewertungsspanne} = \frac{\text{Bewertungsergebnis} \cdot 100}{\text{Bilanzsumme}} = \frac{-20 \cdot 100}{3.000} = \underline{\mathbf{0,67\,\%}}$$

Aufgabe 6

Lösung: 2,33 %

Bruttoertragsspanne	6,17 %
− Bruttobedarfsspanne	3,17 %
= Bruttogewinnspanne	3,00 %
− Bewertungsspanne	−0,67 %
= **Nettogewinnspanne (Reingewinnspanne)**	**2,33 %**

Aufgabe 7

Lösung: 4,15 %

$$\text{Bruttozinsspanne} = \frac{\text{Zinsüberschuss} \cdot 100}{\text{Bilanzsumme}} = \frac{170 \cdot 100}{4.100} = \underline{\mathbf{4,15\,\%}}$$

Aufgabe 8

Lösung: 4,63 %

$$\text{Provisionsspanne} = \frac{\text{Provisionsüberschuss} \cdot 100}{\text{Bilanzsumme}} = \frac{190 \cdot 100}{4.100} = \underline{\mathbf{4,63\,\%}}$$

Aufgabe 9

Lösung: 6,59 %

Personalaufwandsspanne	5,37 %
+ Sachaufwandsspanne	1,22 %
= **Bruttobedarfsspanne**	**6,59 %**

oder

$$\text{Bruttobedarfsspanne} = \frac{\text{Verwaltungsaufwand} \cdot 100}{\text{Bilanzsumme}} = \frac{(220 + 40 + 10) \cdot 100}{4.100} = \underline{\textbf{6,59 \%}}$$

Aufgabe 10

Lösung: −0,12 %

$$\text{Handelsspanne} = \frac{\text{Nettoergebnis des Handelsbestands} \cdot 100}{\text{Bilanzsumme}} = \frac{-5 \cdot 100}{4.100} = \underline{\textbf{−0,12 \%}}$$

Aufgabe 11

Lösung: 0,37 %

$$\text{Bewertungsspanne} = \frac{\text{Bewertungsergebnis} \cdot 100}{\text{Bilanzsumme}} = \frac{15 \cdot 100}{4.100} = \underline{\textbf{0,37 \%}}$$

Aufgabe 12

Lösung: 2,44 %

Bruttoertragsspanne	8,66 %
− Bruttobedarfsspanne	6,59 %
= Bruttogewinnspanne	2,07 %
+ Bewertungsspanne (Risikospanne)	0,37 %
= **Nettogewinnspanne (Reingewinnspanne)**	**2,44 %**

3 Kalkulation von Bankdienstleistungen im Wertbereich

Aufgabe 1

Lösung: −0,45 %

Tagesgeld	1,80 %
− alternative GKM-Anlage passiv	2,25 %
= **passiver Strukturbeitrag**	**−0,45 %**

Aufgabe 2

Lösung: 0,75 %

alternative Anlage am GKM	2,25 %
− Kundengeschäft Spareinlage	1,50 %
= **passiver Konditionenbeitrag**	**0,75 %**

Aufgabe 3

Lösung: 2,70 %

alternative GKM-Anlage aktiv	4,50 %
− Tagesgeld	1,80 %
= **aktiver Strukturbeitrag**	**2,70 %**

Aufgabe 4

Lösung: 1,00 %

Kundendarlehen	5,50 %
– alternative GKM-Anlage aktiv	4,50 %
= **aktiver Konditionenbeitrag**	**1,00 %**

Aufgabe 5

Lösung: 2,25 %

Strukturbeitrag Aktiva	2,70 %
+ Strukturbeitrag Passiva	−0,45 %
= **Strukturbeitrag insgesamt**	**2,25 %**

Aufgabe 6

Lösung: 1,75 %

Konditionenbeitrag Aktiva	1,00 %
+ Konditionenbeitrag Passiva	0,75 %
= **Konditionenbeitrag insgesamt**	**1,75 %**

Aufgabe 7

Lösung: 4,00 %

Sollzinssatz Darlehen	5,50 %
– Habenzinssatz Spareinlagen	1,50 %
= **Bruttozinsspanne**	**4,00 %**

Aufgabe 8

Lösung: −0,25 %

Tagesgeld	0,75 %
– alternative GKM-Anlage passiv	1,00 %
= **passiver Strukturbeitrag**	**−0,25 %**

Aufgabe 9

Lösung: 0,50 %

alternative GKM-Anlage	1,00 %
– Kundengeschäft Termingeld	0,50 %
= **passiver Konditionenbeitrag**	**0,50 %**

Aufgabe 10

Lösung: 0,55 %

alternative GKM-Anlage aktiv	1,30 %
– Tagesgeld	0,75 %
= **aktiver Strukturbeitrag**	**0,55 %**

Aufgabe 11

Lösung: 1,50 %

Schuldscheindarlehen	2,80 %
– alternative GKM-Anlage aktv	1,30 %
= **aktiver Konditionenbeitrag**	**1,50 %**

Aufgabe 12

Lösung: 0,30 %

Strukturbeitrag aktiva	0,55 %
+ Strukturbeitrag Passiva	−0,25 %
= **Strukturbeitrag insgesamt**	**0,30 %**

Aufgabe 13

Lösung: 2,00 %

Konditionenbeitrag Aktiva	1,50 %
+ Konditionenbeitrag Passiva	0,50 %
= **Konditionenbeitrag insgesamt**	**2,00 %**

Aufgabe 14

Lösung: 4.600,00 EUR

Die Bruttozinsspanne beträgt 2,3 %.
2,3 % von 200.000,00 EUR = 4.600,00 EUR.

Aufgabe 15

Lösung: −0,67 %

Tagesgeld	0,40 %
− alternative GKM-Anlagen passiv ($\varnothing$)	1,07 %
= **Strukturbeitrag Passiva**	**−0,67 %**

Aufgabe 16

Lösung: 0,30 %

alternative GKM-Anlagen	1,070 %
− Kundengeschäft	0,775 %
= **Konditionenbeitrag Passiva**	**0,295 %**

Aufgabe 17

Lösung: 2,52 %

alternative GKM-Anlagen Aktiva	2,92 %
− Tagesgeld	0,40 %
= **Strukturbeitrag Aktiva**	**2,52 %**

Aufgabe 18

Lösung: 3,26 %

Kundengeschäfte	6,18 %
− alternative GKM-Anlagen Aktiva	2,92 %
= **Konditionenbeitrag Aktiva**	**3,26 %**

Aufgabe 19

Lösung: 1,85 %

Strukturbeitrag Aktiva	2,52 %
+ Strukturbeitrag Passiva	−0,67 %
= **Strukturbeitrag insgesamt**	**1,85 %**

Aufgabe 20

Lösung: 3,56 %

Konditionenbeitrag Aktiva	3,26 %
+ Konditionenbeitrag Passiva	0,30 %
= **Konditionenbeitrag insgesamt**	**3,56 %**

Aufgabe 21

Lösung: 108.200,00 EUR

Die Bruttozinsspanne beträgt 5,41 %
5,41 % von 2.000.000,00 EUR = 108.200,00 EUR.

Aufgabe 22

Lösung: 8,42 %

(2.000 : 1.300) · (6 − 5,4) + 7,5 = **8,423 % (gerundet 8,42 %)**.

4 Kalkulation von Bankdienstleistungen im Betriebsbereich

Aufgabe 1

Lösung: 10

Das Leistungselement mit dem geringsten Zeitbedarf in Minuten erhält die Äquivalenzziffer 1.

2 Minuten = 1
20 Minuten = x

Leistungs-elemente	Zeitbedarf in Min.	Äquivalenz-ziffer
Kontoeröffnung	20	**10**
Kontoschließung	16	8
Änderungen	6	3
Einzahlung	4	2
Auszahlung	2	1

Aufgabe 2

Lösung: 200 Stück

Gewichtete Stückleistung = Äquivalenzziffer · Stückleistung

Leistungs-elemente	Zeitbedarf in Min.	Äquivalenz-ziffer	Stückleistung	Gewichtete Stückleistung
Kontoeröffnung	20	10	120	1.200
Kontoschließung	16	8	25	**200**
Änderungen	6	3	300	900
Einzahlung	4	2	8.000	16.000
Auszahlung	2	1	12.000	12.000

Aufgabe 3

Lösung: 30.300 Stück

Gewichtete Stückleistung = Äquivalenzziffer · Stückleistung

Leistungs-elemente	Zeitbedarf in Min.	Äquivalenz-ziffer	Stückleistung	Gewichtete Stückleistung
Kontoeröffnung	20	10	120	1.200
Kontoschließung	16	8	25	200
Änderungen	6	3	300	900
Einzahlung	4	2	8.000	16.000
Auszahlung	2	1	12.000	12.000
			Summe	**30.300**

Aufgabe 4

Lösung: 1,19 EUR

$$\text{Betriebskosten pro gewichteter Stückleistung} = \frac{\text{Betriebskosten der Marktleistungsart}}{\text{Summe der gewichteten Stückleistungen}}$$

$$\text{Betriebskosten pro gewichteter Stückleistung} = \frac{36.000}{30.300} = 1,188 \text{ (gerundet 1,19 EUR)}.$$

Aufgabe 5

Lösung: 9,50 EUR

Leistungs-elemente	Zeitbedarf in Min.	Äquivalenz-ziffer	Stückleistung	Gewichtete Stückleistung	Betriebs-kosten der Leistungs-elemente
Kontoeröffnung	20	10	120	1.200	11,88 EUR
Kontoschließung	16	8	25	200	**9,50 EUR**
Änderungen	6	3	300	900	3,56 EUR
Einzahlung	4	2	8.000	16.000	2,38 EUR
Auszahlung	2	1	12.000	12.000	1,19 EUR

Aufgabe 6

Lösung: 39.480,00 EUR

Tariflohn pro Monat	2.400,00 EUR
Anzahl der Gehälter	13
Personalnebenkosten in v. H.	25,00 %
Höhe der Sparförderung/Monat	40,00 EUR
Jahresgehalt	31.200,00 EUR
+ Lohnnebenkosten pro Jahr	7.800,00 EUR
+ VL-Leistungen	480,00 EUR
Summe	**39.480,00 EUR**

Aufgabe 7

Lösung: 97.920 Minuten

Arbeitstage pro Jahr	245
– Urlaubstage pro Jahr	28
– Krankheitstage pro Jahr	5
– Sonstige Fehltage pro Jahr	8
= Effektive Arbeitstage pro Jahr	204
Arbeitszeit täglich in Stunden	8
Max. Arbeitszeit pro Jahr in Stunden	1.632
Max. Arbeitszeit pro Jahr in Minuten	**97.920**

Aufgabe 8

Lösung: 0,403 EUR

$$\text{Standardkostensatz in EUR/Min.} = \frac{\text{Standardpersonalkosten MA pro Jahr}}{\text{maximale Planbeschäftigung MA in Minuten pro Jahr}}$$

$$\text{Standardkostensatz in EUR/Min.} = \frac{39.480}{97.920} = 0{,}403 \text{ EUR pro Minute}$$

Aufgabe 9

Lösung: 55.548,00 EUR

Tariflohn pro Monat	3.500,00 EUR
Anzahl der Gehälter	12
Personalnebenkosten in v. H.	30,00 %
Höhe der Sparförderung/Monat	79,00 EUR
Jahresgehalt	42.000,00 EUR
Lohnnebenkosten pro Jahr	12.600,00 EUR
VL-Leistungen	948,00 EUR
Summe	**55.548,00 EUR**

Aufgabe 10

Lösung: 93.600 Minuten

Arbeitstage pro Jahr	250
– Urlaubstage pro Jahr	28
– Krankheitstage pro Jahr	8
– Sonstige Fehltage pro Jahr	6
= Effektive Arbeitstage pro Jahr	208
Arbeitszeit täglich in Stunden	7,5
Max. Arbeitszeit pro Jahr in Stunden	1.560
Max. Arbeitszeit pro Jahr in Minuten	**93.600**

Aufgabe 11

Lösung: 0,593 EUR

$$\text{Standardkostensatz in EUR/Min.} = \frac{\text{Standardpersonalkosten MA pro Jahr}}{\text{maximale Planbeschäftigung MA in Minuten pro Jahr}}$$

$$\text{Standardkostensatz in EUR/Min.} = \frac{55.548}{93.600} = 0{,}593 \text{ EUR pro Minute}$$

Aufgabe 12

Lösung: ② / 0,006 EUR/Min.

$$\text{Standardkostensatz in EUR/Min.} = \frac{\text{Standardpersonalkosten MA pro Jahr}}{\text{maximale Planbeschäftigung MA in Minuten pro Jahr}}$$

$$\text{Standardkostensatz (1) in EUR/Min.} = \frac{56.640}{93.600} = 0,605 \text{ EUR pro Minute}$$

$$\text{Standardkostensatz (2) in EUR/Min.} = \frac{55.548}{92.700} = 0,599 \text{ EUR pro Minute}$$

Kostenvorteil (1) – (2) = 0,605 EUR – 0,599 EUR = 0,006 EUR pro Min.

Die Alternative (2) ist 0,006 EUR pro Minute günstiger.

Aufgabe 13

Lösung: 345.600 Minuten

Ermittlung der Maximalbeschäftigung

Mitarbeiter	3
Arbeitstage pro Monat	20
Arbeitszeit täglich in Stunden	8
max. Arbeitszeit pro Jahr in Stunden	5.760
max. Arbeitszeit pro jahr in Minuten	**345.600**

Aufgabe 14

Lösung: 0,500 EUR

Ermittlung der Standardkostensätze

Kostenstelle 1001

Kostenart	Standardkosten/Jahr in EUR	Max. Beschäftigung in Min./Jahr	Standardkostensatz EUR/pro Minute
	(1)	(2)	(1) : (2)
Personalkosten	112.300,00		
Personalnebenkosten	24.000,00		
Arbeitsplatzkosten	36.500,00		
Summe	**172.800,00**	**345.600**	**0,500**

Aufgabe 15

Lösung: 54,43 EUR

Kostenträger (Hauptprozess): Darlehen

Teilprozesse	Kosten-stelle Nr.	Standardverbrauchsmengen pro Teilprozess			Standard-stück-kosten (EUR/Teil-prozess)
		Bearbei-tungszeit in Min.	DV-Zeit in Sek.	Standard-kostensätze EUR/Zeit-einheit	
Beratung	1001	25		0,50	12,50
Kreditprüfung	1001	30		0,50	15,00
Kreditgenehmigung	1001	10		0,50	5,00
Kreditsachbearbeitung	1001	18		0,50	9,00
IT-Kosten Sachbearbeitung	1023		30	0,19	5,70
Summe					**47,20**

Sonstige Sachmitteleinzelkosten			
Kostenart	Menge	Standardkosten/ Mengeneinheit	Standardstückkosten EUR/ Kostenart
Antragsformularsatz	1	0,10	0,10
Formularsatz Sicherheitenbestellung	1	0,13	0,13
Porti	2	1,45	2,90
Kreditakte	1	1,10	1,10
Sonstige Sachmittelkosten (pauschal)	1	3,00	3,00
Summe			7,23
Standardeinzelkosten pro Darlehen			54,43

Aufgabe 16

Lösung: 7,31 EUR

Personalkosten pro Jahr	54.000,00 EUR
Geschäftsfälle pro Jahr	11.000 Stück
Fixkosten pro Stück	4,91 EUR
+ variable Kosten pro Stück	2,40 EUR
= **Gesamtkosten pro Stück**	**7,31 EUR**

Aufgabe 17

Lösung: 6,65 EUR

Fixkosten pro Jahr	60.000,00 EUR
Geschäftsfälle pro Jahr	11.000 Stück
Fixkosten pro Stück	5,45 EUR
+ variable Kosten pro Stück	1,20 EUR
= **Gesamtkosten pro Stück**	**6,65 EUR**

Aufgabe 18

Lösung: 5.000 Stück

$$54.000,00 + 2,40x = 60.000,00 + 1,20x$$
$$1,20x = 6.000$$
$$\mathbf{x = 5.000}$$

Aufgabe 19

Lösung: 7.200,00 EUR

Anfallende Geschäftsfälle pro Jahr	11.000	
	Kosten pro Jahr	Kosten pro Stück
Kosten Mitarbeitereinsatz	80.400,00	7,31
Kosten Selbstbedienungsterminals	73.200,00	6,65
Kostenvorteil pro Jahr	**7.200,00**	

5 Produkt-, Kunden- und Geschäftsstellenkalkulation

● Produktkalkulation

Aufgabe 1

Lösung: 0,55 %

Durchschnittlicher Darlehensbetrag pro Jahr	200.000,00 EUR
PSEK	
– Kreditverkauf	600,00 EUR
– laufende Standard-Betriebskosten pro Jahr	800,00 EUR
Laufzeit in Jahren	2,0
PSEK pro Laufzeit	2.200,00EUR

$$\text{Standardeinzelkosten Marge)} = \frac{2.200 \cdot 100}{2 \cdot 200.000} = \quad 0{,}55\,\%$$

Aufgabe 2

Lösung: 3,00 %

Risiko-gruppe	Durchschnittliches Kreditvolumen der letzten 5 Jahre in Mio. EUR	Durchschnittlicher Forderungsausfall der letzten 5 Jahre in Mio. EUR	Durchschnittlicher Forderungsausfall in v. H.	Standard-Risikokos-tensatz in v. H.
A	120	0,00	0,00	
B	300	6,00	2,00	
C	50	1,50	**3,00**	
D	30	1,80	6,00	

Aufgabe 3

Lösung: 6,38 %

Risiko-gruppe	Durchschnittliches Kreditvolumen der letzten 5 Jahre in Mio. EUR	Durchschnittlicher Forderungsausfall der letzten 5 Jahre in Mio. EUR	Durchschnittlicher Forderungsausfall in v. H.	Standard-Risikokos-tensatz in v. H.
A	120	0,00	0,00	0,00
B	300	6,00	2,00	2,04
C	50	1,50	3,00	3,09
D	30	1,80	6,00	**6,38**

$$\text{Standard-Risikokostensatz in v. H.} = \frac{\text{Durchschnittlicher Forderungsausfall} \cdot 100}{\text{Nicht vom Ausfall bedrohter Forderungsbestand}}$$

$$\text{Standard-Risikokostensatz in v. H.} = \frac{1.800.000 \cdot 100}{28.200.000} = \underline{6{,}38\,\%}$$

Aufgabe 4

Lösung: 7,59 %

Alternativzinssatz für Anlage am GKM		3,50 %
+ Mindestkonditionenmarge bestehend aus:		
Standardeinzelkostensatz (direkt zurechenbare Betriebskosten) in %	0,55 %	
Risikokostensatz in %	2,04 %	
Eigenkapitalkostensatz in %	1,50 %	4,09 %
= **Preisuntergrenze Aktivprodukte in %**		**7,59 %**

Aufgabe 5

Lösung: 4,7 % p. a.

Alternativzinssatz für Anlage am GKM		2,50 %
+ Mindestkonditionenmarge bestehend aus:		
Standardeinzelkostensatz (direkt zurechenbare Betriebskosten) in %	0,25 %	
Risikokostensatz in %	0,75 %	
Eigenkapitalkostensatz in %	1,20 %	2,20 %
= **Preisuntergrenze Aktivprodukte in %**		**4,70 %**

Aufgabe 6

Lösung: 480,00 EUR

Zinskonditionenbeiträge

Aktiva	2.000,00 EUR
Passiva	0,00 EUR
Deckungsbeitrag I	**2.000,00 EUR**
+ direkt zurechenbare Provisionserlöse	240,00 EUR
– direkt zurechenbare Betriebskosten (PSEK)	200,00 EUR
= **Deckungsbeitrag II**	**2.040,00 EUR**
– Standardrisikokosten	600,00 EUR
– Standardeigenkapitalkosten	960,00 EUR
= **Deckungsbeitrag III**	**480,00 EUR**

Aufgabe 7

Lösung: ① / 80,00 EUR

Zinskonditionenbeiträge

Aktiva	1.840,00 EUR
Passiva	0,00 EUR
Deckungsbeitrag I	**1.840,00 EUR**
+ direkt zurechenbare Provisionserlöse	0,00 EUR
– direkt zurechenbare Betriebskosten (PSEK)	200,00 EUR
= **Deckungsbeitrag II**	**1.640,00 EUR**
– Standardrisikokosten	600,00 EUR
– Standardeigenkapitalkosten	960,00 EUR
= **Deckungsbeitrag III**	**80,00 EUR**

Aufgabe 8

Lösung: 145,00 EUR

Zinskonditionenbeiträge	pro Jahr
Aktiva	120,00 EUR
Passiva	25,00 EUR
Deckungsbeitrag I	**145,00 EUR**

Aufgabe 9

Lösung: 37,00 EUR

Zinskonditionenbeiträge	pro Jahr
Aktiva	120,00 EUR
Passiva	25,00 EUR
Deckungsbeitrag I	**145,00 EUR**
+ direkt zurechenbare Provisionserlöse	0,00 EUR
− direkt zurechenbare Betriebskosten (PSEK)	108,00 EUR
= Deckungsbeitrag II	**37,00 EUR**

Aufgabe 10

Lösung: 17,00 EUR

Zinskonditionenbeiträge	pro Jahr
Aktiva	120,00 EUR
Passiva	25,00 EUR
Deckungsbeitrag I	**145,00 EUR**
+ direkt zurechenbare Provisionserlöse	0,00 EUR
− direkt zurechenbare Betriebskosten (PSEK)	108,00 EUR
= Deckungsbeitrag II	**37,00 EUR**
− Standardrisikokosten	8,00 EUR
− Standardeigenkapitalkosten	12,00 EUR
= Deckungsbeitrag III	**17,00 EUR**

Aufgabe 11

Lösung: ① / 0,80 EUR

Zinskonditionenbeiträge	pro Jahr
Aktiva	120,00 EUR
Passiva	25,00 EUR
Deckungsbeitrag I	**145,00 EUR**
+ direkt zurechenbare Provisionserlöse	0,00 EUR
− direkt zurechenbare Betriebskosten (PSEK)	108,00 EUR
= Deckungsbeitrag II	**37,00 EUR**
− Standardrisikokosten	8,00 EUR
− Standardeigenkapitalkosten	12,00 EUR
= Deckungsbeitrag III	**17,00 EUR**
− Gemeinkostenzuschlag	16,20 EUR
= Deckungsbeitrag IV	**0,80 EUR**

● Kundenkalkulation

Aufgabe 12

Lösung: 114,00 EUR

		Zinssatz	GKM-Satz	Marge	Zinsüberschuss
Sichteinlagen	2.000,00	0,00 %	1,20 %	1,20 %	24,00
Spareinlagen	10.000,00	1,50 %	2,40 %	0,90 %	90,00
Gesamt	12.000,00		Deckungsbeitrag I		114,00

Aufgabe 13

Lösung: 104,10 EUR

	Standardeinzelkosten	Menge pro Jahr	Kosten pro Jahr
Kassenzahlungen	1,00	30	30,00
Überweisungen	0,20	36	7,20
Daueraufträge	0,25	24	6,00
Interne Buchungen	0,05	6	0,30
Kontoauszüge	0,10	24	2,40
		Summe	45,90

Deckungsbeitrag I	114,00 EUR
+ direkt zurechenbare Provisionserlöse	36,00 EUR
– direkt zurechenbare Betriebskosten (PSEK)	45,90 EUR
= **Deckungsbeitrag II**	**104,10 EUR**

Aufgabe 14

Lösung: 104,10 EUR

Der Deckungsbeitrag II bleibt unverändert, da der Kunde ausschließlich Guthaben bei der Kreditbank AG unterhält.

Aufgabe 15

Lösung: 68,10 EUR

Zinskonditionenbeiträge

Aktiva	0,00 EUR
Passiva	114,00 EUR
Deckungsbeitrag I	**114,00 EUR**
+ direkt zurechenbare Provisionserlöse	0,00 EUR
– direkt zurechenbare Betriebskosten (PSEK)	45,90 EUR
= **Deckungsbeitrag II**	**68,10 EUR**
– direkt zurechenbare Risikokosten	0,00 EUR
– direkt zurechenbare Eigenkapitalkosten	0,00 EUR
= **Deckungsbeitrag III**	**68,10 EUR**

Aufgabe 16

Lösung: 56,63 EUR

Deckungsbeitrag III	**68,10 EUR**
– Gemeinkostenzuschlag	11,48 EUR
= **Deckungsbeitrag IV**	**56,63 EUR**

6 *Bankcontrolling als integratives System von Planung, Steuerung und Kontrolle*

Aufgabe 1

Lösung: ⑥ , ⑤ , ② , ④ , ① , ③

Reihenfolge	Lösung
⑥ Analysieren der Situation	Wie ist die derzeitige Situation?
⑤ Bestimmen von Unternehmenszielen	Wo wollen wir langfristig hin?
② Festlegen strategischer Geschäftsfelder	Mit welchen Geschäftsbereichen wollen wird das erreichen?
④ Entwickeln, bewerten und auswählen von Strategien	Welche Strategien sollen zur Zielerreichung verfolgt werden?
① Entwicklung einer Taktik	Welche Taktik soll bei der Umsetzung der Strategien verfolgt werden?
③ Formulieren von Maßnahmen	Welche konkreten Maßnahmen sollen zur Zielerreichung umgesetzt werden?

Aufgabe 2

Lösung: ③ , ① , ② , ④

③ Der Budgetentwurf ist ein erster Vorschlag für den finanziellen Rahmen des folgenden Geschäftsjahres.

① Dieser Entwurf ist mit den einzelnen Unternehmensbereichen abzustimmen.

② Anschließend werden den verschiedenen Unternehmensbereichen die konkreten Vorgaben als Sollwerte zur Verfügung gestellt.

④ Zur Kontrolle werden die Sollvorgaben mit den Istwerten verglichen und ausgewertet.

Aufgabe 3

Lösung: ②

Hier sollen Veränderungen im Umfeld eines Unternehmens untersucht und deren Auswirkungen auf die zukünftige Geschäftsentwicklung vorhergesagt werden.

Dazu ist die Chancen-Risiken-Analyse besonders geeignet.

Aufgabe 4

Lösung: ④

Mit einer Stärken-Schwächen-Analyse können verschiedene Kriterien, wie z. B. Qualität und Struktur der Mitarbeiter, Finanzkraft, Produktportfolio innerbetrieblich erfasst und so weit wie möglich mit denen der Wettbewerber verglichen werden.

Durch die Abweichungsanalyse können die Stärken und Schwächen der Kreditbank AG dargestellt und Schlüsse für den Rückgang des Marktanteils gezogen werden.

Aufgabe 5

Lösung: ① , ④

Strategisches Controlling umfasst die langfristigen Planungsaufgaben eines Kreditinstituts. Dazu zählen u. a. die Bestimmung von Zielgruppen und die Bewertung des aktuellen Produktportfolios, um daraus langfristige Strategien für das Kreditinstitut abzuleiten.

Aufgabe 6

Lösung: ④

Durch das Controlling können grundsätzlich sämtliche strategischen Ziele überprüft werden.

Die Kosten- und Erlösrechnung ist das zentrale Instrument des operativen Controllings.

21 Schuster - ISBN 978-3-8120-1194-5

Aufgabe 7

Lösung: ④

Das Regelkreisprinzip ermöglicht durch Soll-Ist-Vergleiche die Ermittlung der Abweichungen der Istwerte von den Planwerten. Die Planwerte sind die Werte der Zielvereinbarung (Sollwerte). Monatlich können die tatsächlich erreichten Werte der Mitarbeiter (Istwerte) erfasst und mit den Sollwerten verglichen werden.

Bei Abweichungen können dann rechtzeitig Maßnahmen ergriffen werden, um korrigierend einzugreifen.

7 Auswertung von Statistiken

Aufgabe 1

Lösung: 111.263 Mitarbeiterstunden Soll
99.360 Mitarbeiterstunden Ist

Kriterien \ Jahr	1	2	3	4	5
Mitarbeiterstunden Soll	84.000	90.200	94.080	98.580	**111.263**
Mitarbeiterstunden Ist	78.000	83.160	86.016	89.280	**99.360**

Aufgabe 2

Lösung: 11.903 Stunden
10,70 %

Kriterien \ Jahr	1	2	3	4	5
Abweichung in Stunden	6.000	7.040	8.064	9.300	**11.903**
Abweichung in Prozent	**7,14**	**7,80**	**8,57**	**9,43**	**10,70**

Aufgabe 3

Lösung: ② , ④

Kriterien \ Jahr	1	2	3	4	5	Steigerung in v. H. gegenüber Jahr 1
Mitarbeiterstunden Soll	84.000	90.200	94.080	98.580	111.263	32
Mitarbeiterstunden Ist	78.000	83.160	86.016	89.280	99.360	**27**
Abweichung in Stunden	6.000	7.040	8.064	9.300	11.903	98
Abweichung in Prozent	7,14	7,80	8,57	9,43	**10,70**	**50**
Mitarbeiter	50	55	56	62	69	38

Neben der Verkürzung der täglichen Arbeitszeit hat auch die Zunahme der Fehltage Einfluss auf den geringeren Zuwachs des Stunden-Ist.

Aufgabe 4

Lösung: 139.130,43 EUR

Fixkosten

Personalkosten pro Monat	5.000,00 EUR
Sonstige Fixkosten pro Monat	1.400,00 EUR
Fixkosten pro Monat	6.400,00 EUR

Variable Kosten

Standardeinzelkosten pro Geschäftsfall in %	0,004

Variable Erträge

Umsatzprovision in %	0,050
Kritischer Umsatz pro Monat in Euro	**139.130,43 EUR**

$$\text{Kritischer Umsatz pro Monat} = \frac{\text{(Fixkosten pro Monat / 100)}}{\text{(Umsatzprovision in \% — variable SEK in \%)}}$$

Aufgabe 5

Lösung: 13.913,05 EUR

Fixkosten

Personalkosten pro Monat	5.500,00 EUR
Sonstige Fixkosten pro Monat	1.540,00 EUR
Fixkosten pro Monat	7.040,00 EUR
Fixkosten pro Jahr	84.480,00 EUR

Variable Kosten

Standardeinzelkosten pro Geschäftsfall in %	0,004

Variable Erträge

Umsatzprovision in %	0,050

	Kritischer Umsatz pro Monat in Euro (neu)	153.043,48 EUR
–	Kritischer Umsatz pro Monat in Euro (alt)	139.130,43 EUR
=	**Umsatzveränderung**	**13.913,05 EUR**

Lernfeld 9: Dokumentierte Unternehmensleistungen auswerten

1 Rücklagen und Ausschüttungspolitik

Aufgabe 1

Lösung: ③

Dividendenkontinuität liegt vor, wenn der Dividendensatz unabhängig vom tatsächlichen Ergebnis eines Geschäftsjahres über einen längeren Zeitraum konstant bleibt, z.B. 15 % Dividende. Der Ausgleich erfolgt durch die Einstellung in bzw. durch die Entnahme aus Gewinnrücklagen.

Aufgabe 2

Lösung: 95 Mio. EUR

	Berichtsjahr in Mio. EUR	Vorjahr in Mio.EUR
Grundkapital	40	30
Rücklagen		
Kapitalrücklagen	35	25
Gewinnrücklagen		
1. Gesetzliche Rücklage	4	4
2. Andere Gewinnrücklagen	11	11
Gewinnvortrag + / Verlustvortrag –	5	– 5
Jahresüberschuss + / Jahresfehlbetrag –	10	
Bilanzgewinn + / Bilanzverlust –	5	5
Summe haftendes Eigenkapital	**95**	65

Aufgabe 3

Lösung: 100 %

Das Grundkapital und die Kapitalerhöhung erhöhten sich jeweils um 10 Mio. EUR. Das Aufgeld betrug daher bei der Kapitalerhöhung 100 % des Nennwertes der jungen Aktien.

Aufgabe 4

Lösung: 20 Mio. EUR

Durch die Erhöhung des Grundkapitals flossen 20 Mio. EUR durch Außenfinanzierung zu. Davon wurden je 10 Mio. EUR als zusätzliches Grundkapital bzw. zusätzliche Kapitalrücklagen ausgewiesen.

Aufgabe 5

Lösung: ⑤

Die gesetzliche Rücklage und die Kapitalrücklage zusammen können zur Deckung des Jahresfehlbetrages eingesetzt werden, wenn deren Anteil insgesamt 10 % des Grundkapitals übersteigen. In diesem Falle müssen sie nur mindestens 4 Mio. EUR betragen. Vgl. § 150 AktG. Allerdings ist zuerst der Jahresüberschuss zur Deckung des Verlustvortrages aus dem Vorjahr zu verwenden. Das ist in diesem Falle in vollem Umfang möglich.

Aufgabe 6

Lösung: 34.999.900 EUR

Übersteigen die gesetzliche Rücklage und die Kapitalrücklage zusammen den zehnten Teil des Grundkapitals, so kann der übersteigende Betrag zu einer Kapitalerhöhung aus Gesellschaftsmitteln benutzt werden.

Die gesetzliche Rücklage beträgt 10 % des Grundkapitals. Es ist folglich nur noch 1 EUR der Kapitalrücklage zusätzlich erforderlich. Gemäß der Aufgabenstellung, dass auf volle 100 EUR gerundet werden soll, kann der Rest umgewandelt werden.

Aufgabe 7

Lösung: ②

Es liegt lediglich eine Umbuchung vorhandenen Eigenkapitals vor. Dabei werden Rücklagen zu einer Erhöhung des Grundkapitals verwendet.

Aufgabe 8

Lösung: 100 TEUR

	Berichtsjahr in TEUR
Grundkapital	6.000
davon 10 % Soll	600
Vorhanden	
Kapitalrücklagen	300
Gesetzliche Rücklage	200
Fehlbetrag	**100**

Aufgabe 9

Lösung: 10 TEUR

	Berichtsjahr in TEUR
Jahresüberschuss	300
− Verlustvortrag	100
= Basis für die Ermittlung der gesetzlichen Rücklage	200
davon 5 %	10

Aufgabe 10

Lösung: 150 TEUR

	Berichtsjahr in TEUR
Jahresüberschuss	300
− Verlustvortrag	100
− Zuführung zu der gesetzlichen Rücklage	10
− Ausschüttung	150
= Zuführung zu den anderen Gewinnrücklagen	40
+ Bestand an anderen Gewinnrücklagen aus dem Vorjahr	110
= Bestand an anderen Gewinnrücklagen nach Zuführung	150

Aufgabe 11

Lösung: 61,00 Mio. EUR

Cash-flow = Betriebsergebnis + ordentliche Abschreibungen + Zuführungen zu den langfr. Rückstellungen
Cash-flow = 20,00 Mio. EUR + 25,00 Mio. EUR + 16,00 Mio. EUR = 61,00 Mio. EUR.

Aufgabe 12

Lösung: 12,20 %

$$\text{Cash-flow-rate} = \frac{\text{Betriebsergebnis} \cdot 100}{\text{Gesamtleistung}} \qquad \text{Cash-flow-rate} = \frac{20,00 \cdot 100}{500,00} = \underline{12,20\,\%}$$

Aufgabe 13

Lösung: 19,05 %

$$\text{Eigenkapitalquote} = \frac{(\text{Eigenkapital} - \text{Bilanzgewinn}) \cdot 100}{\text{Bilanzsumme}}$$

$$\text{Eigenkapitalquote} = \frac{80 \cdot 100}{420,00} = \underline{\underline{19,05\,\%}}$$

Aufgabe 14

Lösung: 23,53 %

$$\text{Eigenkapitalrentabilität} = \frac{\text{Betriebsergebnis} \cdot 100}{\text{Eigenkapital}}$$

$$\text{Eigenkapitalrentabilität} = \frac{20,00 \cdot 100}{85,00} = \underline{\underline{23,53\,\%}}$$

Aufgabe 15

Lösung: 8,10 %

$$\text{Gesamtkapitalrentabilität} = \frac{(\text{Betriebsergebnis} + \text{Zinsaufwendungen}) \cdot 100}{\text{Bilanzsumme}}$$

$$\text{Gesamtkapitalrentabilität} = \frac{(20,00 + 14,00) \cdot 100}{420,00} = \underline{\underline{8,10\,\%}}$$

Aufgabe 16

Lösung: 4,00 %

$$\text{Umsatzrentabilität} = \frac{\text{Betriebsergebnis} \cdot 100}{\text{Bilanzsumme}}$$

$$\text{Umsatzrentabilität} = \frac{20,00 \cdot 100}{500,00} = \underline{\underline{4,00\,\%}}$$

Aufgabe 17

Lösung: 73 Tage

$$\text{Debitorenziel} = \frac{\text{Forderungen aus Lieferungen und Leistungen} \cdot 365}{\text{Umsatzerlöse}}$$

$$\text{Debitorenziel} = \frac{100 \cdot 365}{500} = \underline{\underline{73 \text{ Tage}}}$$

Aufgabe 18

Lösung: 91 Tage

$$\text{Kreditorenziel} = \frac{\text{Verbindlichkeiten aus Lieferungen und Leistungen} \cdot 365}{\text{Materialaufwand}}$$

$$\text{Kreditorenziel} = \frac{70 \cdot 365}{280} = \underline{\underline{91 \text{ Tage}}}$$

Aufgabe 19

Lösung: 44,74 %

$$\text{Anlagendeckungsgrad I} = \frac{\text{Eigenkapital} \cdot 100}{\text{Anlagevermögen}}$$

$$\text{Anlagendeckungsgrad I} = \frac{85 \cdot 100}{190} = \underline{\underline{44,74\,\%}}$$

Aufgabe 20

Lösung: 160,53 %

$$\text{Anlagendeckungsgrad II} = \frac{(\text{Eigenkapital} + \text{langfristiges Fremdkapital}) \cdot 100}{\text{Anlagevermögen}}$$

$$\text{Anlagendeckungsgrad II} = \frac{(85 + 220) \cdot 100}{190} = \underline{\underline{160,53\,\%}}$$

Aufgabe 21

Lösung: 15,0 %

$$\text{EK-Quote} = \frac{\text{Eigenkapital} \cdot 100}{\text{Bilanzsumme}} = \frac{68 \cdot 100}{453} = \underline{\underline{15,0\,\%}}$$

Aufgabe 22

Lösung: 155,9 %

$$\text{ADG II} = \frac{(\text{Eigenkapital} + \text{langfristiges Fremdkapital}) \cdot 100}{\text{Anlagevermögen}}$$

$$\text{ADG II} = \frac{(68 + 67 + 10) \cdot 100}{93} = \underline{\underline{155,9\,\%}}$$

Aufgabe 23

Lösung: 27 Mio. EUR Betriebsergebnis
14 Mio. EUR Jahresüberschuss

Umsatz	1.228 Mio. EUR
– Wareneinsatz	958 Mio. EUR
– Personalaufwendungen	100 Mio. EUR
– Abschreibungen auf Sachanlagen	21 Mio. EUR
– übrige betriebliche Aufwendungen	104 Mio. EUR
– Zinsaufwendungen	18 Mio. EUR
= Betriebsergebnis	**27 Mio. EUR**
– Steuern vom Einkommen und Ertrag	13 Mio. EUR
= Jahresüberschuss	**14 Mio. EUR**

Aufgabe 24

Lösung: 48.000 TEUR

Cash-flow = Betriebsergebnis + ordentliche Abschreibungen + Zuführung zu den langfristigen Rückstellungen

Cash-flow = 27 + 21 = $\underline{\underline{48 \text{ Mio EUR}}}$

Aufgabe 25

Lösung: 9,9 %

$$\text{Gesamtkapitalrentabilität} = \frac{(\text{Betriebsergebnis} + \text{Zinsaufwendungen}) \cdot 100}{\text{Bilanzsumme}}$$

$$\text{Gesamtkapitalrentabilität} = \frac{(27 + 18) \cdot 100}{453} = \underline{\underline{9,93\,\%}}$$

Aufgabe 26

Lösung: 116,9 %

$$\text{Liquidität II} = \frac{\text{Umlaufvermögen} \cdot 100}{\text{Kurzfristige Verbindlichkeiten}}$$

$$\text{Liquidität II} = \frac{360 \cdot 100}{308} = \underline{\underline{116,9\,\%}}$$

Aufgabe 27

Lösung: 39,7 %

$$\text{Eigenkapital-entabilität} = \frac{\text{Betriebsergebnis} \cdot 100}{\text{Eigenkapital}}$$

$$\text{Eigenkapital-entabilität} = \frac{27 \cdot 100}{68} = \underline{\underline{39,71\,\%}}$$

Aufgabe 28

Lösung: 2,2 %

$$\text{Umsatzrentabilität} = \frac{\text{Betriebsergebnis} \cdot 100}{\text{Gesamtleistung}}$$

$$\text{Umsatzrentabilität} = \frac{27\ \text{Mio} \cdot 100}{1.228\ \text{Mio}} = \underline{\underline{2,2\,\%}}$$